园艺植物虫害学实验指导

YUANYI ZHIWU CHONGHAIXUE
SHIYAN ZHIDAO

主　编：李　莉
副主编：邳军锐　郑　伟　姚雍静　唐艳龙　王仁刚
参编人员（排名不分先后）：
　　　唐　明　段小凤　杨书林　江学海　邓力喜　康　奎
　　　黄振兴　张萌萌　韦　云　李国红　陈越男　吴沙沙

西南大学出版社

图书在版编目(CIP)数据

园艺植物虫害学实验指导 / 李莉主编. -- 重庆：西南大学出版社, 2024.4
ISBN 978-7-5697-2323-6

Ⅰ.①园… Ⅱ.①李… Ⅲ.①园林植物－病虫害防治 Ⅳ.①S436.8

中国国家版本馆CIP数据核字(2024)第067039号

园艺植物虫害学实验指导
李 莉 主 编

责任编辑：陈 欣
责任校对：杜珍辉
装帧设计：闰江文化
排　　版：瞿 勤
出版发行：西南大学出版社（原西南师范大学出版社）
　　　　　网址：http://www.xdcbs.com
　　　　　地址：重庆市北碚区天生路2号
　　　　　邮编：400715
　　　　　电话：023-68868624
经　　销：全国新华书店
印　　刷：重庆亘鑫印务有限公司
幅面尺寸：195 mm×255 mm
印　　张：10.25
插　　页：16
字　　数：195千字
版　　次：2024年4月　第1版
印　　次：2024年4月　第1次印刷
书　　号：ISBN 978-7-5697-2323-6
定　　价：58.00元

内容简介

本书由贵州师范大学、贵州大学、贵州省果树科学研究所、贵州省茶叶研究所、遵义师范学院、铜仁职业技术学院、贵州省烟草科学研究院、贵州省水稻研究所、贵州省生物研究所合作编写。本书涉及的基本理论和知识不受地域限制，但园艺植物及其虫害的种类选择以西南地区实际情况为依据。

本书共含上下两篇内容。上篇为实验篇，共六章，主要包括昆虫主要特征和结构的观察与识别，以及蔬菜、果树、粮食作物、重要经济作物、花卉与草坪植物等园艺植物重要虫害的识别特征与为害特点；下篇为实习实训篇，共两章，主要包括田间害虫调查、诊断与防治，以及昆虫标本的采集、制作、整理与鉴定等内容。

本书可用于园艺、植物保护、生态学、农学等相关专业的实验和实习，也可作为科研人员、植物保护工作者、病虫害识别诊断及综合防治工作者的参考书。

在园艺专业中，粮食作物、烟草、茶、中药材等植物的相关知识都是学生学习的核心内容，它们也是园艺专业的学生在相关实习、实训、实践和以后的工作中，经常会涉及的，所以本书所选的案例不能排除这些类别，特此说明。

目录
CONTENTS

上篇　园艺植物虫害实验

Part 1

第一章

昆虫主要特征和结构的观察与识别

实验一　昆虫的外部形态特征 …………………………………… 004

实验二　昆虫的个体发育及变态 ………………………………… 007

Part 2

第二章

蔬菜虫害

实验一　十字花科、葫芦科蔬菜虫害 …………………………… 012

实验二　茄科、豆科蔬菜虫害 …………………………………… 022

Part 3

第三章

果树虫害

实验一　仁果类、核果类果树虫害 ……………………………… 034

实验二　柑果类、浆果类果树虫害 ……………………………… 043

实验三　坚果类果树虫害 ………………………………………… 059

Part 4

第四章

粮食作物虫害

实验一　水稻虫害 ……………………………………………066

实验二　玉米虫害 ……………………………………………074

Part 5

第五章

重要经济作物虫害

实验一　茶树虫害 ……………………………………………082

实验二　烟草虫害 ……………………………………………096

实验三　中药材虫害 …………………………………………100

Part 6

第六章

花卉与草坪植物虫害

实验一　花卉与草坪植物虫害 ………………………………106

下篇　园艺植物虫害实习实训

Part 7
第七章
田间害虫调查、诊断与防治

实训一　田间害虫种群密度调查方法 ……………………………122

实训二　田间害虫诊断与防治方法 ………………………………126

Part 8
第八章
昆虫标本的采集、制作、整理与鉴定

实训一　昆虫标本的采集与制作 …………………………………134

实训二　昆虫标本的整理与鉴定 …………………………………145

附录　实验室操作基本规则及安全事项 ……………………………149

上篇 | 园艺植物虫害实验

第一章

昆虫主要特征和结构的观察与识别

实验一
昆虫的外部形态特征

一、实验目的

掌握昆虫体躯外形的一般结构特征;了解昆虫头部的构造及主要附属器官的着生位置;掌握昆虫触角的基本构造及主要变化类型;掌握昆虫口器、足和翅的主要变化类型。

二、实验器材

1. 材料

蝗虫、蝼蛄、金龟子、蜻蜓、蜜蜂、蝉、蝴蝶、蟓、螳螂、步甲、龙虱、蜘蛛、虾、蜈蚣、马陆等的针插或浸渍标本,相关照片、挂图和多媒体课件等。

2. 工具

放大镜、体视显微镜、解剖针和镊子等。

三、内容与方法

(一)昆虫成虫体躯的基本构造

(1)观察昆虫体躯的头胸腹分段情况,胸部、腹部的分节情况及腹部各体节的连接情况;比较、总结昆虫体躯构造和其他节肢动物体躯构造的异同。

(2)观察蝗虫的触角、复眼、单眼、口器、胸足、翅及雌雄外生殖器的着生位置、形态和特点。

(二)昆虫成虫体躯构造及形态

1.头部

(1)复眼和单眼:观察各类昆虫的复眼和单眼的位置、形态和数量。

(2)触角的基本构造和类型:在放大镜或体视显微镜下观察、比较各类昆虫的触角类型,并观察、比较其柄节、梗节和鞭节的基本构造。

(3)口器:

①咀嚼式口器:观察蝗虫口器的构造及各部分特点,其由上唇、上颚、下颚、下唇和舌5部分组成,其发达上颚适于咀嚼固体食物。

②刺吸式口器:观察蝉或蝽口器的特化结构,其喙为特化的下唇,喙中容纳的4条口针由一对上颚和一对下颚特化而来,适于刺入寄主体内并吸食寄主汁液。

③虹吸式口器:蝶类和蛾类特有,在头部前方中央有一条细管状能卷曲和伸展的喙,适于吸食花管底部的花蜜。

2.胸部

(1)胸足类型:观察各类昆虫前足、中足和后足的着生位置;比较不同特化类型的足的基节、转节、股节、胫节、跗节和前跗节的构造、功能及变化。

(2)翅的基本构造和类型:观察昆虫各类翅的形状、质地、被覆物及特征。

3.腹部

观察不同类群昆虫腹部的分节情况,以及雌雄外生殖器的着生位置、形态。

四、实验报告

(1)绘制咀嚼式口器的解剖构造图,并注明各部分名称。

(2)绘制昆虫触角的基本构造图,并注明各部分名称。

(3)记录所观察昆虫的体躯结构组成及其形态特征于表1-1-1中。

表1-1-1 昆虫外部形态特征观察记录表

昆虫名称	口器类型	触角类型	前后翅类型		胸足类型		
			前翅	后翅	前足	中足	后足

续表

昆虫名称	口器类型	触角类型	前后翅类型		胸足类型		
			前翅	后翅	前足	中足	后足

五、思考题

(1)昆虫如何通过胸足的构造和功能变化适应不同的生活环境和生活方式?

(2)试述咀嚼式口器昆虫和刺吸式口器昆虫的为害症状特点及其与化学防治的关系。

参考文献:

[1]彩万志,庞雄飞,花保祯,等.普通昆虫学[M].2版.北京:中国农业大学出版社,2011.

[2]费显伟.园艺植物病虫害防治[M].2版.北京:高等教育出版社,2015.

实验二
昆虫的个体发育及变态

一、实验目的

了解昆虫主要变态类型——不完全变态和完全变态,以及变态过程中的各虫态。

二、实验器材

1. 材料

不完全变态昆虫(蜻、蝗虫等)和完全变态昆虫(蝶、蛾和甲虫等)的生活史标本或采集样本,相关照片、挂图和多媒体课件等。

2. 工具

放大镜、体视显微镜、解剖针和镊子等。

三、内容与方法

(一)变态类型

1. 不完全变态

不完全变态昆虫经历卵、若虫(或稚虫)和成虫3个虫态。

(1)半变态:有卵、稚虫和成虫3个虫态,如蜻蜓等。

(2)渐变态:有卵、若虫和成虫3个虫态,如荔蝽等。

(3)过渐变态:其若虫在变为成虫前经历一个不食不动、类似蛹的虫态,如蚧壳虫等。

根据昆虫生活史标本,比较半变态、渐变态和过渐变态等不同变态类型的昆虫各发育阶段的特点及形态差异。

2. 完全变态

完全变态昆虫经历卵、幼虫、蛹和成虫4个虫态。

观察、比较蝶类或蛾类等完全变态昆虫的世代生活史标本,比较其幼虫、蛹和成虫,以及各龄期幼虫间的变态差异。

(二)生活史中不同虫态及其特点

1. 卵

在放大镜或体视显微镜下,观察各种类昆虫卵的形态、大小、颜色及卵块排列情况等。

2. 若虫

观察蝗虫和蝽等渐变态昆虫的若虫和成虫形态上的异同,注意翅芽形态。

3. 幼虫

完全变态昆虫幼虫的主要类型有原足型、多足型、寡足型和无足型。对比观察鳞翅目幼虫和膜翅目叶蜂幼虫胸足、腹足的对数、着生位置以及有无趾钩。

4. 蛹

昆虫蛹分为离蛹、被蛹和围蛹3种类型。观察蝶类、蛾类和甲虫等完全变态昆虫蛹的类型及形态特征。

5. 成虫的雌雄二型和多型现象

观察犀金龟、锹甲和蚧壳虫等昆虫成虫的雌雄二型现象,以及白蚁等昆虫的多型现象,注意它们的形态区别。

四、实验报告

(1)绘制3种类型昆虫的卵和幼虫(若虫、稚虫)形态图。

(2)观察和描述昆虫离蛹、被蛹和围蛹的区别。

五、思考题

(1)试述昆虫变态的主要类型及其进化意义。

(2)完全变态昆虫的幼虫有哪些类型?各具有什么特点?

(3)根据昆虫幼虫的体躯特点,如何区分鳞翅目幼虫和膜翅目叶蜂幼虫?

(4)试分析昆虫雌雄二型、多型现象的代表实例及其生态学意义。

参考文献：

[1]彩万志,庞雄飞,花保祯,等.普通昆虫学[M].2版.北京:中国农业大学出版社,2011.

[2]费显伟.园艺植物病虫害防治[M].2版.北京:高等教育出版社,2015.

第二章

蔬菜虫害

近年来，我国蔬菜种植面积迅速扩大，品种日益增多，栽培方式多样，复种指数提高，特别是大量种植保护地蔬菜和反季节蔬菜，使得多数蔬菜得以周年生产，很大程度上打破了原有蔬菜作物的生态系统平衡，致使蔬菜虫害的种类相应增加，发生和消长规律不断变化。此外，在控制蔬菜虫害时，还要考虑如何在保证蔬菜生产不受损失的同时减少环境污染和农药残留。这些都给蔬菜虫害防治工作带来了新的挑战。

实验一
十字花科、葫芦科蔬菜虫害

一、实验目的

掌握十字花科和葫芦科蔬菜上常见害虫的种类及其形态特征；掌握重要害虫的为害症状和发生特点。

二、实验器材

1. 材料

十字花科蔬菜（白菜、甘蓝和萝卜等）、葫芦科蔬菜（瓜类）害虫的浸渍标本、针插标本、生活史标本、为害症状标本，相关照片、挂图及多媒体课件等。

2. 工具

体视显微镜、生物显微镜、镊子、培养皿、解剖针、放大镜、盖玻片和载玻片等。

三、内容与方法

(一) 十字花科蔬菜害虫

十字花科蔬菜是春秋季的重要蔬菜，主要有白菜类（小白菜、菜心、大白菜、紫菜薹、红菜薹等）、甘蓝类（花椰菜、芥蓝、青花菜、球茎甘蓝等）、芥菜类（叶芥菜、茎芥菜/

菜头、根芥菜/大头菜等)、萝卜类等。十字花科蔬菜害虫种类很多,已知有150种以上。主要有小菜蛾、菜粉蝶、斜纹夜蛾、黄曲条跳甲、萝卜蚜、甜菜夜蛾和菜螟等。

1. 小菜蛾 *Plutella xylostella* Linnaeus

属鳞翅目,菜蛾科。又称小青虫、两头尖、吊丝虫。广泛分布于全世界84个国家和地区,在东南亚一些国家为害尤为严重。国内各省份均有分布,其中长江流域及其以南地区为害尤为严重。为害各种十字花科蔬菜、油料作物,以甘蓝、花椰菜、白菜、萝卜、芥菜和油菜受害最为严重,也可为害番茄、马铃薯、生姜、洋葱,观赏植物紫罗兰、桂竹香,药用植物菘蓝等。

[为害症状识别]

低龄幼虫取食寄主植物叶肉,留下表皮,俗称"开天窗"。3~4龄幼虫所食叶呈孔洞和缺刻状,严重时叶片被吃成网状。在甘蓝、大白菜等蔬菜苗期,常集中取食心叶,影响包心。还可为害油菜嫩茎和籽荚,影响其产量和留种。

[形态特征]

成虫:体长6~7 mm,翅展12~15 mm。头部黄白色,胸腹部灰褐色。复眼球形,黑色;触角线形,褐色,有白纹,静止时前伸。前翅和后翅细长,缘毛很长;前翅前半部分有浅褐色小点,后半部分从翅基至外缘有一条三度弯曲的波状带,静止时两翅合拢处有斜方块状浅色花纹。

卵:椭圆形,稍扁平,长约0.6 mm,宽约0.3 mm。卵初产时呈淡黄色,卵壳表面光滑,具光泽。

幼虫:共4龄,初孵幼虫深褐色,随后变为绿色。老熟幼虫体长10 mm左右,头部黄褐色,胸腹部绿色。前胸盾近前缘有6根刚毛,排列成一横行,后缘有4根刚毛,前后排列;盾上另有淡褐色小点,组成两个"U"形纹;前胸背面两侧还各有3根刚毛。臀足往后伸,越过腹末。腹足趾钩单序缺环。

蛹:体长5~8 mm,初化蛹时水绿色,渐转淡黄绿色,然后变为灰褐色,近羽化时变黑,背面出现褐色纵纹。第二至第七腹节背面两侧各有1个小突起,腹部末节腹面(肛门附近)有3对钩刺。茧纺锤形,丝质,薄如网,可透见蛹体。

[生物学特性]

每年发生代数因地而异,世代重叠。在我国北部和西部均以蛹越冬。在长江流域及其以南地区,各虫态终年均可见,无越冬现象。1年中有春季和秋季2个为害高峰,一般秋季种群数量高于春季。

2. 菜粉蝶 *Pieris rapae* Linnaeus

属鳞翅目,粉蝶科。别名菜白蝶,幼虫又称菜青虫,是我国分布最普遍、为害最严重、经常成灾的害虫之一。已知的寄主植物有9科35种之多,嗜食十字花科植物,特别偏爱厚叶片的甘蓝、花椰菜、白菜、萝卜等。一年中以春秋两季为害最重。

[为害症状识别]

幼虫咬食寄主植物叶片,2龄前仅啃食叶肉,留下一层透明表皮,3龄后蚕食叶片使其呈孔洞或缺刻状,发生严重时叶片几乎全部被吃光,只残留粗叶脉和叶柄。易引起白菜软腐病的流行,甚至造成绝产。蔬菜苗期受害严重时,轻则影响包心,重则整株死亡。幼虫还可以钻入甘蓝叶内为害,不但在叶球内暴食菜心,还排出大量粪便污染菜心,引起腐烂,降低蔬菜的产量和品质。

[形态特征]

成虫:体长12～20 mm,翅为白色,翅基、前翅前缘为灰黑色,雌虫前翅顶端有1个三角形黑斑,雄虫前翅基部黑色部分和顶角的三角形黑斑均较小。

卵:竖立呈瓶形,直径约0.4 mm,高约1 mm,淡黄色,表面有纵横脊纹。

幼虫:体青绿色,背中线淡黄色,体表密生细毛,每节有5条横列皱纹,身体两侧各有1列黄斑。

蛹:蛹的中部有棱角状突起,体色随化蛹地点而异。

[生物学特性]

在贵州每年发生6～7代。以蛹越冬,越冬场所多在受害菜地附近的篱笆、墙缝、树皮、土缝、杂草或残株枯叶间。发育最适温度为20～25 ℃,发育最适相对湿度为76%左右。在适宜条件下,卵期4～8 d,幼虫期11～22 d,蛹期约10 d(越冬蛹除外),成虫期14～35 d。5月下旬至6月上旬是春夏季为害盛期,8—10月是夏秋季为害盛期。

3. 斜纹夜蛾 *Spodoptera litura* Fabricius

属鳞翅目,夜蛾科。又称莲纹夜蛾、莲纹夜盗蛾、乌头虫、夜盗虫。是一种食性很杂的暴食性害虫,为害多种农作物。国内所有省份均有发生,长江流域及其以南地区种群密度较大,黄河、淮河流域可间歇成灾。

[为害症状识别]

幼虫咬食叶片、花、花蕾及果实,使叶片呈孔洞或缺刻状,发生严重时可将全田蔬菜吃成"光秆"。

[形态特征]

成虫:体长14～20 mm,翅展35～40 mm,体深褐色,胸部背面有白色丛毛,腹部侧面有暗褐色丛毛。前翅灰褐色,内横线和外横线为灰白色波浪形,中间有3条白色斜纹,后翅白色。

卵:扁平,半球形,刚离开母体时呈黄白色,后转淡绿色,孵化前为紫黑色,外覆盖灰黄色绒毛。

幼虫:共6龄。老熟幼虫体长35～50 mm。头部黑褐色,胸腹部的颜色变化大,有土黄色、青黄色、灰褐色等,从中胸至第九腹节背面各有一对半月形或三角形黑斑。

蛹:长15～30 mm,红褐色,尾部末端有一对短棘。

[生物学特性]

华北地区每年发生4～5代,长江流域每年发生5～6代,福建每年发生6～9代。具喜温性,抗寒力弱,其生长发育最适宜条件为温度28～30 ℃,相对湿度75%～85%。成虫昼伏夜出,以晚上8—12时活动最盛,有趋光性,对糖、酒、醋及其他发酵产物较敏感。卵多产在植株中部叶片背面的叶脉分叉处,每雌产卵3～5块,每块有100多粒卵。初孵幼虫群集为害,2龄后逐渐分散取食叶肉,4龄后进入暴食期,5～6龄幼虫食量占总食量的90%。大发生时幼虫有成群迁移的习性,有假死性。老熟幼虫在1～3 mm深的表土层或枯枝败叶下化蛹。

4.黄曲条跳甲 *Phyllotreta striolata* Fabricius

属鞘翅目,叶甲科。又称菜蚤子、土跳蚤、黄跳蚤、狗虱虫。广泛分布于亚洲、欧洲及美洲各国。国内各省份均有分布。主要为害萝卜、白菜、甘蓝、芥菜、花椰菜等十字花科蔬菜,也可为害茄科、豆科及葫芦科蔬菜。

[为害症状识别]

成虫取食寄主植物叶片,形成稠密的椭圆形小孔洞(见插页图2-1-1),且能为害花蕾、嫩荚,影响结实,还能传播大白菜软腐病。蔬菜在幼苗期受害最重,常造成缺苗断垄,甚至毁种。幼虫蛀食菜根表皮,形成许多不规则弯曲虫道,使植株生长受阻,凋萎枯死,尤其幼苗根部被害后常枯死。萝卜被啃后形成黑色虫痕,变得味苦,品质降低。

[形态特征]

成虫:体长1.8~2.4 mm,椭圆形,黑色有光泽。头小,触角丝状,末端稍膨大,基部3节赤褐色,其余黑色,雄虫触角第四、第五节特别粗大。前胸背板密布刻点,排列不规则。鞘翅有排成纵行的刻点,鞘翅中央有一中间狭窄、两端呈大弓形的黄色纵条,其外侧中部弯曲幅度颇大,内侧中部较直,仅前后两端向内弯曲。后足股节膨大,适于跳跃。

卵:椭圆形,长约0.3 mm,淡黄色,半透明,接近孵化时呈姜黄色。

幼虫:老熟幼虫体长4 mm左右,稍呈圆筒形。腹部末端较细。前胸背板及臀板淡褐色。胸、腹部乳白色。各体节疏生不显著的肉瘤和细毛。

蛹:长约2.0 mm,长椭圆形,乳白色,接近羽化时淡褐色。头部隐于前胸下面。翅芽和后足达第五腹节。腹面有一对叉状突起,叉端褐色。

[生物学特性]

在贵州每年发生3~7代。均以成虫形态在枯枝落叶、杂草、土缝中过冬。翌年春季气温回升到10 ℃以上时,越冬成虫恢复活动。春秋两季为害较重,秋菜受害重于春菜。成虫有趋黄性和趋嫩性,非常活跃,善跳。

5.萝卜蚜 *Lipaphis erysimi* Kaltenbach

属半翅目,蚜科。俗称菜缢管蚜,主要为害萝卜、白菜及油菜等十字花科作物,是世界上分布最广泛的蚜虫之一。

[为害症状识别]

成虫、若蚜在蔬菜叶背或嫩梢、嫩叶上刺吸为害,使其节间变短、弯曲,幼叶向下畸形卷缩,植株变得矮小,影响包心或结球。留种株受害则不能正常抽薹、开花和结籽。同时,萝卜蚜还可以传播多种蔬菜病毒病,造成更严重的后果。

[形态特征]

成虫:有翅胎生雌蚜体长1.6~1.8 mm,头、胸部黑色,腹部黄绿色至绿色。腹管暗绿色,较短,约与触角第五节等长,中后部稍膨大,末端稍缢缩;腹管前两侧具黑斑。有时体覆稀少白色蜡粉。复眼赤褐色,触角第三、第四节淡黑色。无翅胎生雌蚜体长约1.8 mm,全身黄绿色,或稍覆白色蜡粉。胸部各节中央有1黑色横纹,并散生小黑点,腹管同有翅胎生雌蚜。

若蚜:近似无翅胎生雌蚜,虫体较小。

[生物学特性]

华北地区每年发生10~20代,5—6月和9—10月发生量最大。萝卜蚜繁殖适温为15~26 ℃,适宜相对湿度为75%以下,比桃蚜适温范围广,在较低的温度下发育快。同时,秋季叶上有毛的白菜、萝卜是萝卜蚜的偏嗜寄主植物。温度适宜和食料充足是秋季萝卜蚜比桃蚜数量多的原因。

(二)葫芦科蔬菜害虫

1. 瓜蚜 *Aphis gossypii* Glover

属半翅目,蚜科。主要为害瓜类,还为害茄科、豆科、十字花科、菊科等蔬菜,各地均有分布。

[为害症状识别]

成虫和若蚜多群集在寄主植物叶背、嫩茎和嫩梢处刺吸汁液。瓜类等植物的梢受害时,叶片卷缩,生长点枯死,严重时在瓜苗期就能造成整株枯死。成长叶受害,干枯死亡。还可引起煤污病,影响光合作用;或可传播病毒病,植株出现花叶、畸形、矮化等症状,受害株早衰。

[形态特征]

无翅蚜:雌蚜体长1.5~1.9 mm,在春秋两季温度较低时体色为深绿色,体形稍大,在夏季温度较高时体色为淡绿色,体形较小,体表常有霉状薄蜡粉。雄蚜体长1.3~1.9 mm,狭长卵形,绿色、灰黄色或赤褐色。

有翅蚜:有翅胎生雌蚜体长1.2～1.9 mm,黄色、浅绿色或深绿色。有翅2对,头胸部大部分为黑色,腹部两侧有3～4对黑斑,触角短于身体。

若蚜:共4龄,体长0.5～1.4 mm,形如成蚜,复眼红色,体被蜡粉,有翅若蚜2龄现翅芽。

卵:长约0.5 mm,椭圆形,初产时橙黄色,后变黑色。

[生物学特性]

早春晚秋10 d左右1代,夏天4～6 d 1代。繁殖能力强,无翅胎生雌蚜的繁殖期约10 d,每雌蚜产若蚜60～70头,在短期内种群可迅速扩大。在长江流域可繁殖20～30代,可终年辗转于保护地和露地之间繁殖为害。以卵在夏枯草、车前、苦荬菜等草本植物,以及花椒、木槿、石榴等木本植物上越冬。繁殖适温为16～22 ℃。

2. 温室白粉虱 *Trialeurodes vaporariorum* Westwood

属半翅目,粉虱科。又称小白蛾子。各地均有发生。在蔬菜保护地栽培中为害日益严重。能够为害黄瓜、番茄、茄子、辣椒和生菜等47科200多种植物。

[为害症状识别]

成虫和若虫群集在叶片背面刺吸为害,造成叶片褪绿枯萎,果实畸形僵化,引起植株早衰,造成减产。繁殖力强,繁殖速度快,种群数量大,有群聚性,能分泌大量蜜露,污染叶片和果实,常引起煤污病滋生,使蔬菜品质降低。

[形态特征]

成虫:体长0.8～1.4 mm,淡黄白色至白色,雌雄成虫均有翅,翅面覆有白色蜡粉,停息时双翅在体上合成屋脊状,翅端半圆状,遮住整个腹部,沿翅外缘有一排小颗粒。

卵:长椭圆形,长0.20～0.25 mm,基部有卵柄,从叶背的气孔插入植物组织中;卵初产时淡绿色,覆有蜡粉,而后渐变褐色,孵化前呈黑色。

若虫:共4龄。3龄若虫体长约0.5 mm,淡绿色或黄绿色,足和触角退化,紧贴在叶片上营固着生活;4龄若虫又称伪蛹,体长0.7～0.8 mm,椭圆形,初期体扁平,逐渐加厚,中央略高,黄褐色,体背有长短不齐的蜡丝,体侧有刺。

[生物学特性]

每年可发生10余代。成虫对黄色有强烈趋性,不喜白色、银白色,不善于飞翔。

在田间先点状发生,虫口密度分布不均匀,成虫喜群集于植株上部嫩叶背面并在嫩叶上产卵。成虫不断向上部叶片转移,因而植株上各虫态的分布形成了一定规律:最上部叶片上以淡绿色卵粒居多,稍下部叶片上卵粒多为深褐色,再下部依次为初龄若虫、老龄若虫。在北方地区不能越冬,但可以各种虫态在温室内越冬并繁殖。早春温室内虫口密度较小,随气温回升及温室通风,逐渐向露地迁移扩散,7—8月虫口增加较快,虫口密度最大。9月中旬,气温开始下降,温室白粉虱又向温室内转移。

3. 美洲斑潜蝇 Liriomyza sativae Blanchard

属双翅目,潜蝇科。又称蔬菜斑潜蝇、蛇形斑潜蝇、甘蓝斑潜蝇等,是一种严重为害蔬菜生产的害虫。现各地均有发生。为害多种蔬菜,以黄瓜、菜豆、番茄、白菜、芹菜、茼蒿、生菜等受害最重。

[为害症状识别]

幼虫和成虫均可为害蔬菜,以幼虫为主。雌虫刺伤叶片取食和产卵,幼虫在叶片内取食叶肉,使叶片布满不规则蛇形盘绕潜道,不超出主脉;黑色虫粪交替排列在潜道两侧。受害后叶片逐渐萎蔫,上下表皮分离,枯落,最后全株死亡。

[形态特征]

成虫:体长1.3~2.3 mm,胸部背面亮黑色有光泽,腹部背面黑色,侧面和腹面黄色,臀部黑色。雌虫体形略大于雄虫,雌虫腹末短鞘状,雄虫腹末圆锥状。额、颊和触角亮黄色,眼后缘黑色;中胸背板亮黑色,小盾片鲜黄色;足基节、股节黄色,前足黄褐色,后足黑褐色;腹部大部分黑色,但各背板边缘有宽窄不等的黄色边;翅无色透明,翅长1.3~1.7 mm,翅腋瓣黄色,边缘及缘毛黑色,平衡棒黄色。

卵:椭圆形,长0.20~0.30 mm,米色,稍透明,肉眼不易发现,常产于叶表皮下的栅栏组织内。

幼虫:蛆形,分3个龄期,1龄幼虫几乎是透明的,2~3龄变为鲜黄色,老熟幼虫长达3 mm,腹末端有1对圆锥状的后气门。

蛹:椭圆形,长1.30~2.30 mm,腹部稍扁平,初化蛹时颜色为鲜橙色,逐渐变暗黄。后气门三叉状。

[生物学特性]

在我国南方可终年发生,无越冬现象;在北方地区可于温室内越冬。繁殖能力强,夏季每世代2~4周,冬季每世代5~8周;卵期2~5 d,幼虫期4~7 d,蛹期7~14 d,成虫寿命7~15 d。成虫有趋光、趋绿和趋化性,对黄色趋性较强,有一定的飞翔能力。卵产于植物叶片叶肉中,幼虫孵化后潜食叶肉,可随寄主植物的叶片、茎蔓,以及鲜切花的调运而传播。

4. 黄守瓜 Aulacophora indica Gmelin

属鞘翅目,叶甲科。又称黄足黄守瓜、瓜守、黄虫、黄萤。各地均有分布。是瓜类蔬菜的主要害虫,尤喜西瓜、南瓜和黄瓜等。成虫食性较广泛,除瓜类蔬菜,还为害十字花科、茄科、豆科作物,以及柑橘、桃、梨、苹果、朴树和桑树等;幼虫仅在地下专食瓜类根部。

[为害症状识别]

成虫主要为害瓜苗的叶、嫩茎、花和果实。成虫取食叶片时以身体为半径旋转咬食一圈,再食圈内叶片,在叶片上留下环形食痕或孔洞,影响光合作用。瓜苗被害后,常受到毁灭性灾害。幼虫在土里为害根部,低龄幼虫为害细根,3龄以后食害主根,在植株木质部与韧皮部之间钻食,可使地上部分萎蔫死亡。贴地生长的瓜果也可被幼虫蛀食,引起瓜果内部腐烂,失去食用价值。

[形态特征]

成虫:体长约9 mm,长椭圆形,除前、中、后胸及腹部腹面为黑色外,虫体其他部位为黄色,前胸背板长方形,鞘翅基部比前胸阔。

卵:长1 mm,近球形,黄色,表面具六边形蜂窝状网纹,近孵化时灰白色。

幼虫:初孵幼虫白色,以后头渐变为褐色。老熟时体长约12 mm,头部黄褐色,前胸背板黄色,体黄白色,臀板腹面有肉质突起,上生微毛。

蛹:长9 mm,纺锤形,乳白带有淡黄色。

[生物学特性]

从北至南,每年发生1~4代。越冬成虫在第2年3月底至4月上旬开始活动。每年发生1代的地区越冬成虫5—8月产卵,5月下旬至6月上旬为产卵盛期,6—8月为幼虫为害期,8月成虫羽化,10—11月陆续转入避风向阳的田埂土坡缝隙中、土块下或杂草落叶中越冬。成虫有假死性,喜阳光,飞翔力强。雌虫一生交配多次,交尾1~2 d开始产卵,每雌产卵250~400粒,大多堆产,或散产于寄主根际附近湿土凹陷处。幼虫孵化后即钻入土内寻找寄主,先取食侧根、主根及茎基;3龄后可蛀入主根或近地面根茎内上下取食,可转株为害;老熟后在为害部位附近作茧化蛹。

四、实验报告

(1)对比小菜蛾、菜粉蝶和斜纹夜蛾三种鳞翅目重要蔬菜害虫的成虫和幼虫识别特征及其为害症状。

(2)通过观察,比较美洲斑潜蝇、黄守瓜和黄曲条跳甲对蔬菜叶片的为害症状。

五、思考题

(1)为什么小菜蛾等迁飞性害虫的为害日趋严重?

(2)十字花科蔬菜常见害虫为害特点与防治有何关系?

(3)在常见葫芦科蔬菜害虫中,哪些种类具有典型的世代重叠现象?防治时应注意什么?请举例说明。

参考文献:

[1]彩万志,庞雄飞,花保祯,等.普通昆虫学[M].2版.北京:中国农业大学出版社,2011.

[2]李云瑞.农业昆虫学[M].北京:高等教育出版社,2006.

[3]李照会.园艺植物昆虫学[M].北京:中国农业出版社,2004.

[4]黄云,徐志宏.园艺植物保护学[M].北京:中国农业出版社,2015.

实验二
茄科、豆科蔬菜虫害

一、实验目的

掌握茄科、豆科蔬菜害虫(螨)的常见种类;掌握茄科、豆科蔬菜常见害虫(螨)的形态特征及为害特点。

二、实验器材

1. 材料

侧多食跗线螨、棉铃虫、烟青虫、马铃薯块茎蛾、番茄斑潜蝇、茄黄斑螟、豇豆荚螟、普通大蓟马、豆蚜、豌豆彩潜蝇等害虫的浸渍标本、针插标本、生活史标本、为害症状标本,相关照片、挂图及多媒体课件等。

2. 工具

体视显微镜、生物显微镜、镊子、培养皿、解剖针、放大镜、盖玻片和载玻片等。

三、内容与方法

(一)茄科蔬菜害虫

茄科蔬菜是夏季的重要蔬菜,主要有番茄、辣椒、茄子和马铃薯。为害茄科蔬菜的重要害虫有10余种,以侧多食跗线螨、棉铃虫、烟青虫、马铃薯块茎蛾、番茄斑潜蝇、茄黄斑螟为主。

1. 侧多食跗线螨 *Polyphagotarsonemus latus* **Banks**

属绒螨目,跗线螨科。是一种世界性害螨。国外分布于40多个国家和地区;国内分布于东北、华北、华中、华东、西南等地区。寄主植物有30个科、70多种,主要包括辣椒、番茄、菜豆、马铃薯等蔬菜。此外，还为害茶、柑橘、烟草及菊科多种观赏植物。

[为害症状识别]

成螨、幼螨集中在植物幼嫩部位吸食汁液，造成植株畸形和生长缓慢。辣椒受害后，叶片变窄，皱缩或扭曲，呈船形。茄子、番茄植株受害后，上部叶片僵直，叶背面变成黄褐色，油渍状，叶片边缘向下卷曲，嫩茎上部和果实萼片变成褐色，表皮木栓化；受害严重的植株，不能开花和坐果；果实受害后发生不同程度的龟裂，严重时种子裸露，呈开花馒头状，味苦而涩。青椒受害后，落花、落果，呈"秃尖"状，果面变为黄褐色，失去光泽，果实变硬。豇豆、菜豆、黄瓜受害后，被害叶片边缘向背面卷曲，质地加厚，嫩叶部分扭曲呈畸形，黄瓜果实表皮木栓化。

[形态特征]

雌成螨：长0.17～0.25 mm，宽0.11～0.16 mm。体躯阔卵形，淡黄至黄绿色。颚体宽阔，须肢圆柱状，前伸。假气门器的感器球形，表面光滑。后胸表皮内突不明显，Ⅲ、Ⅳ表皮内突长度相近，呈八字形。第1对足胫跗节远端感棒较大，杆状，近端有2根小感棒。第2对足跗节感棒比第1对足远端感棒略小，杆状。第2对和第3对足爪退化，具发达的爪垫。第四对足纤细，跗节末端有一根鞭状感毛，比足长，亚端毛刺状。

雄成螨：长0.16～0.19 mm，宽0.10～0.12 mm。体近似菱形，后半体前部最宽，淡黄色或黄绿色。前足体背面近似梯形。腹面Ⅲ、Ⅳ表皮内突与后胸表皮内突汇集点成1条短纵线。第1对足无爪，第2对和第3对足的双爪不明显，呈细线状。跗节Ⅱ感棒较粗大，形态与跗节Ⅰ感棒相似。第4对足转节矩形，胫跗节细长，向内侧弯曲，远端1/3处有1根特别长的鞭状毛，爪退化为纽扣状。

卵：椭圆形，长0.11 mm，宽0.08 mm，无色透明，孵化前淡绿色。卵表面有纵向排列的小疣突，每行6～8个。

幼螨：近椭圆形，有3对足，乳白色，腹末尖，具1对刚毛，前体透明，末体有明显的分节。

若螨：梭形，半透明。雌若螨较宽而雄若螨瘦尖。足4对。

[生物学特性]

贵州每年发生20代左右。以雌成螨形态在菜田的土缝、蔬菜及杂草根际处越冬，或在茶园的被害卷叶、芽鳞之间和叶柄处,杂草及蚧壳虫的蚧壳下越冬。一般3—4月在保护地蔬菜上繁殖为害,5月至10月上旬在辣椒、茄子等蔬菜上大量发生。

2. 棉铃虫 Helicoverpa armigera Hübner

属鳞翅目,夜蛾科。广泛分布于世界各地。我国各地也普遍发生,华北各省份、新疆、云南等地发生量大,为害严重。近年来长江流域也发生严重。是一种多食性害虫,寄主植物多达30多科200余种,其中以茄科、豆科、锦葵科、葫芦科、菊科和禾本科为主。

[为害症状识别]

以幼虫为害植株为主。初孵幼虫先食卵壳,第2天开始取食嫩叶及花蕾,3龄开始蛀食果实,常从果实的蒂部和肩部蛀食,4~5龄时转果频繁,6龄时相对较弱。幼虫喜食青果,最喜直径2~3 cm的幼果,近老熟时多喜食成熟果实及嫩叶。每头幼虫可蛀果3~4个。

[形态特征]

成虫:体长15~20 mm,翅展30~40 mm。雌蛾赤褐色或黄褐色,雄蛾灰绿色或青灰色。中横线很斜,由肾形斑下斜伸至翅后缘,末端达环形斑正下方;外横线也很斜,末端达肾形斑正下方;亚外缘线波形幅度较小,与外横线之间呈褐色宽带状,带内有清晰的白点8个;外缘有7个红褐色小点排列于翅脉间,亚缘线锯齿较均匀,与外缘近乎平行。后翅灰白色,翅脉褐色,中室末端有1褐色斜纹,沿外缘有深褐色宽带,带纹中有2个牙形白斑。

卵:半球形,直径0.44~0.48 mm,高0.51~0.66 mm,顶部稍隆起。中部通常有26~29条直达卵底部的纵隆纹;两隆纹间夹有1~2条短隆起纹;纵棱间有横道18~20根。初产时乳白色,后变黄白色,将孵化时有紫色斑。

幼虫:5~7龄,多为6龄。初孵幼虫青灰色,末龄幼虫体长40~50 mm。幼虫体色变异很大,可分为4种类型。①体淡红色,背线、亚背线为淡褐色,气门线白色,毛片黑色;②体黄白色,背线、亚背线浅绿色,气门线白色,毛片颜色与体色同;③体淡绿色,背线、亚背线同色,但不明显,气门线白色,毛片颜色与体色同;④体绿色,背线与亚背线绿色,气门线淡黄色。

蛹:纺锤形,赤褐色,长17~20 mm。腹部5~7节背面和腹面前缘有7~8排较稀疏的半圆形刻点。臀棘1对,在基部分开。初蛹为灰绿色、绿褐色或褐色,复眼淡红色。近羽化时,呈深褐色,有光泽,复眼褐红色。

[生物学特性]

越冬蛹于4月下旬开始羽化,5月上中旬为羽化盛期。成虫昼伏夜出,白天隐藏在植株叶的背面,黄昏开始活动。成虫繁殖的最适温度是25~30 ℃,繁殖期间飞翔于开花植物间吸食花蜜、交配、产卵。成虫飞翔能力强,对黑光灯有较强的趋性,尤对波长333 nm的短波光趋性最强,对杨树、柳树、洋槐、紫穗槐等的半枯萎树枝散发的气味表现趋性。

3. 烟青虫 *Helicoverpa assulta* Guenée

属鳞翅目,夜蛾科。又称烟夜蛾、烟实夜蛾。河北、山东、河南、山西、陕西、安徽、江苏、湖北、浙江、四川、贵州、云南等省份均有分布。为害辣椒、番茄、蚕豆、豌豆、南瓜、烟草、玉米等。

[为害症状识别]

以幼虫蛀食寄主植物蕾、花、果为主,也食害其嫩茎、叶和芽。在辣椒田内,幼虫取食嫩叶,3~4龄才蛀入果实,可转株、转果为害。低龄幼虫日均蛀果1~15个,高龄幼虫日均蛀果2~3个。果实被蛀后常引起腐烂和落果。

[形态特征]

成虫:体长约15 mm,翅展27~35 mm,黄褐色,内横线、中横线、外横线和亚外缘线均为波状的细纹,肾状纹和环状纹较棉铃虫清晰,后翅黄褐色,外缘的黑褐色宽带稍窄。

卵:卵较扁,淡黄色,卵壳上有网状花纹,卵孔明显。

幼虫:老熟幼虫体形大小及体色变化与棉铃虫相似。体侧深色纵带上的小白点不连成线,分散成点,体表小刺较棉铃虫短,圆锥形,体壁柔薄较光滑。

蛹:赤褐色,纺锤形,体长体色与棉铃虫相似,腹部末端有一对钩刺且基部靠近。

[生物学特性]

华北、华东地区每年发生2代。南方烟区每年发生4~6代。成虫多在夜间产卵,前期卵多产在寄主植物上中部叶片背面的叶脉处,后期多产在果面或花瓣上。幼虫白天潜伏,夜间活动,有假死性,密度大时有自相残杀现象;老熟后脱果入土化蛹。5月开始羽化。幼虫主要有3个发生高峰期,即6月上中旬、7月下旬和8月中下旬。

4. 马铃薯块茎蛾 *Phthorimaea operculella* Zeller

属鳞翅目,麦蛾科。又名马铃薯麦蛾、烟草潜叶蛾。世界广布。国内分布于多个省份,主要为害茄科植物,其中以马铃薯、烟草、茄子为主,其次为番茄和辣椒,也能取食曼陀罗、枸杞、龙葵、酸浆、蓟、颠茄、洋金花等。

[为害症状识别]

幼虫可为害马铃薯的茎、叶柄、叶芽和幼苗,严重时植株顶端的嫩茎和叶芽常被害枯死,幼小植株甚至死亡。在田间薯块生长和贮藏期间,幼虫蛀入薯块内部,形成弯曲隧道,隧道内镶有一层细丝结成的薄膜,蛀孔外有深褐色粪便排出。被害严重的薯块可被蛀食一空,因而外形皱缩,引起腐烂,失去食用价值。

[形态特征]

成虫:体长5~6 mm,翅展13~15 mm,灰褐色,微带灰色光泽。前翅狭长,散布黑褐色斑;翅尖略向下弯,臀角圆钝,前缘及翅尖色较深,翅中部有3~4个黑褐色斑点。雌虫臀区具黑褐色、大的显著条斑,停息时两翅上的条斑合并成长斑纹;雄虫臀区有4个不明显的黑褐色斑点,两翅合并时不为长斑纹。翅缘毛灰褐色,长短不等。后翅烟灰色,翅尖突出,缘毛甚长。

卵:椭圆形,长约0.5 mm,宽约0.4 mm,表面无明显刻纹。初产时乳白色,微透明,带白色光泽;前期乳白色;中期淡黄色;后期黑褐色,带紫蓝色光泽。

幼虫:初龄幼虫体长1.1~1.2 mm,头及前胸背板淡黑褐色,胸部淡黄色,腹部白色。老熟幼虫体长约13.5 mm,头部棕褐色,前胸背板和腹部末节臀板以及胸足淡黄褐色,其余部分大体白色或淡黄色,老熟时背面呈粉红色或棕色。

蛹:长5~7 mm,圆锥形。初淡绿色,渐变淡黄色、棕黄色,羽化前黑褐色。蛹体第10节腹面中央凹入,两侧稍突出。背面中央有1角刺,末端向上弯,臀棘不显,其背、腹面疏生细刺。茧灰白色,长约10 mm,茧外常黏附泥土或黄色排泄物。

[生物学特性]

长江流域每年发生6~9代,贵州福泉每年发生5代。成虫昼伏夜出,具趋光性。

羽化当日或次日即行交配,交配次日即可产卵。在最初的4~5 d内产卵最多;在薯块上产卵时以芽眼基部最多,每一薯块上有卵几粒至数十粒不等。

5. 番茄斑潜蝇 *Liriomyza bryoniae* Kaltenbach

属双翅目,潜蝇科。又称瓜斑潜蝇。各地均有分布。为多食性害虫,为害茄科、葫芦科、十字花科、菊科和豆科等30多科或以上的植物。

[为害症状识别]

幼虫孵化后潜食寄主植物叶肉,形成曲折蜿蜒的食痕,苗期2~7叶受害多,严重的潜痕密布,致叶片发黄、枯焦或脱落。虫道终端不明显变宽,是该虫与南美斑潜蝇、美洲斑潜蝇相区别的特征之一。

[形态特征]

成虫:灰黑色,翅长约2 mm,大小与美洲斑潜蝇相近,稍小于南美斑潜蝇。头部大部分为黄色,额区亮黄色,内、外顶鬃着生在黄色区;触角第3节圆形,黄色。中胸背板黑色有光泽,小盾片半圆形,黄色,两侧黑褐色。胸部和腹部除前、中足之间为黑色外,其余均为黄色。足股节黄色,常有易变的暗褐色条纹,胫节、跗节褐色。腹部各背节黑褐色。

卵:长椭圆形,长0.2~0.3 mm,米色,半透明。

幼虫:蛆状,老熟幼虫长约3 mm,淡黄色,头端略尖锐,后气门有短柄状突起。

蛹:卵形,腹面稍平,橙黄色,长1.7~2.3 mm。

[生物学特性]

华南地区每年发生25~26代。该虫在田间的分布属扩散型,发生高峰期全田被害。每年有2个发生高峰期,第1个高峰期在3—6月,4月达到最高峰;第2个高峰期在10—12月,10月进入最高峰。种群密度上半年高于下半年,7—9月雨季发生较少。4月和10月平均温度25~27 ℃,降雨少时,适于其发生。成虫有趋黄性,卵多产在植株基部成熟叶片上,每雌产卵量约183粒。幼虫老熟后咬破表皮在叶外或土表下化蛹。成虫寿命10~14 d,卵期13 d左右,幼虫期9 d左右,蛹期20 d左右。

6. 茄黄斑螟 *Leucinodes orbonalis* Guenée

属鳞翅目,螟蛾科。又称茄白翅野螟、茄螟。国内分布于华中、华南和西南等地。

主要为害茄子、辣椒等茄科蔬菜。

[为害症状识别]

幼虫主要为害茄科蔬菜的果实、嫩茎、花蕊和子房,引起枝梢枯萎、落花、落果及果实腐烂,使果实失去食用价值。

[形态特征]

成虫:体长6.5～10.0 mm,翅展18～32 mm。体翅均白色,前翅有4个明显的大黄斑,中室顶端下侧与后缘相接,呈红色三角状,翅顶角下方有1个黑色眼形斑。后翅中室有1个大黑点,两侧有1个小黑点,并有较明显的暗褐色后横线及2～3个浅黄斑。

卵:呈乳白至灰黑色,似水饺状,脊上有锯齿状物2～5个。

幼虫:体长15～18 mm,老熟时多呈粉红色,低龄幼虫黄白色,各节均有6个黑褐色毛斑、2个瘤突。

蛹:长8～9 mm,浅黄褐色,外被深褐色、长椭圆形、不规则的茧。

[生物学特性]

成虫夜间活动,但趋光性不强,卵散产于茄株的上、中部嫩叶背面。夏季老熟幼虫多在茄株中上部叶片上化蛹,秋季多在枯枝落叶、杂草和土缝内化蛹。老熟幼虫在残株枝杈上及土表缝隙处结茧越冬。5月起幼虫开始为害,7—9月为害最重,尤以8月中下旬为害秋茄最烈。

(二)豆科蔬菜害虫

1.豇豆荚螟 *Maruca vitrata* Fabricius

属鳞翅目,螟蛾科。又称豆野螟、豆荚野螟。主要为害豆科植物,包括豇豆、菜豆、芸豆、豌豆、绿豆、刀豆、扁豆、大豆、小豆等,是豇豆、菜豆、芸豆、扁豆等豆科蔬菜的重要害虫。

[为害症状识别]

幼虫蛀食豆科蔬菜的花、蕾和荚,影响其产量和品质。蛀食花器时,造成落花;蛀食豆荚时,早期造成落荚,后期造成种子受害,蛀孔外堆积粪便,造成豆荚腐烂。此外,还能在大豆等植物上吐丝缀叶为害,并在其中蚕食叶肉或蛀食嫩茎,造成枯梢。

[形态特征]

成虫:体灰褐色。体长约13 mm,翅展约26 mm。触角丝状,前翅黄褐色。自外缘向内有大、中、小透明斑各一块。后翅外缘有1/3面积色泽同前翅,其余部分白色,半透明,伴有闪光,交界处有一条深褐色纵线。前缘近基部有2块小褐斑。

卵:扁平,略呈椭圆形。长约0.6 mm。初产时淡黄绿色,后变为淡褐色,孵化前变为褐色。

幼虫:黄绿至粉红色。老熟幼虫体长14～18 mm。中后胸背板上每节前排有毛片4个,各生2根细长的刚毛,后排有斑2个,无刚毛。

蛹:长约13 mm,初化蛹时黄绿色,后变黄褐色。翅芽伸至第四腹节后缘,蛹体被白色薄丝茧。

[生物学特性]

昼伏夜出,白天潜伏在豆株叶背下,受惊时作短距离飞翔,一般只飞3～5 m。有较强的趋光性,但早春温度低时不扑灯。成虫有吸食花蜜补充营养的习性。在田间于6月中旬至8月下旬为害豆科蔬菜,以豇豆和四季豆为主。

2. 普通大蓟马 *Megalurothrips usitatus* Bagnall

属缨翅目,蓟马科。又叫豆大蓟马。主要分布于热带及亚热带国家和地区,如印度、马来西亚、泰国、斯里兰卡、菲律宾等国家;在我国主要分布在南方各省份。属杂食性害虫,寄主植物约有9科28种,其中16种为豆科植物。

[为害症状识别]

可在豇豆等寄主植物的整个生育期内进行为害,为害叶片、花及豆荚。成虫和若虫锉吸植物的生长点、花器等幼嫩组织和器官的汁液,造成苗期叶片皱缩、卷曲或畸形,严重时植株生长缓慢或停止;花期为害时引起花器腐烂、凋落;为害豆荚则造成豆荚颜色变成褐色和黑色,严重影响豇豆等豆科作物的产量和品质。此外,还能够传播多种病毒,如烟草线条病毒和花生芽坏死病毒等。

[形态特征]

成虫:触角8节,第3节为褐色。雌雄成虫外形相似,但雄性成虫体形较小且体色淡。雌性成虫体长约1.6 mm,虫体棕色到褐色,褐色触角念珠状,略向前延伸,触角8

节,第3、第4节端部收缩为颈状,各具一长叉状感觉锥。头部的宽略大于长,两颊近平行。口器锉吸式。跗节、前足胫节大部分,以及中、后足胫节端部为黄色。狭窄的翅周缘着生细长缨毛,前翅近基部1/4处及近端部无色,中部和端部褐色。前胸背板前角鬃发达,后缘鬃3对,中间1对最长。腹部腹板无附属鬃。

若虫:1龄若虫白色,体形极小;2龄若虫体形增大,为橙红色。

预蛹和蛹:均为橙红色,但颜色较浅,预蛹期出现翅芽,长度约为腹部的2/3。

[生物学特性]

在豇豆豆荚上发育期随温度的升高而缩短,在15～35 ℃时发育期为10.6～46.3 d,其中卵期2.7～8.7 d,若虫期3.5～16.2 d,预蛹期0.7～3.6 d,产卵前期1.0～9.2 d。波长440～461 nm的蓝光及其对应的蓝色和浅蓝色色卡对成虫有较高吸引力。

3. 豆蚜 Aphis craccivora Koch

属半翅目,蚜科。又称苜蓿蚜、花生蚜。除西藏未见报道外,我国其余各省份均有。是豆科蔬菜和果树上的主要害虫之一,为害豇豆、菜豆、豌豆、蚕豆、苜蓿等豆科作物。

[为害症状识别]

成虫和若蚜群集刺吸豇豆等豆科植物的嫩叶、嫩茎、花及荚果等的汁液,使叶片卷缩发黄,嫩荚变黄,严重时导致植株生长缓慢、矮小瘦弱,叶片黄化、卷缩、枯萎、脱落,花蕾、果荚发育停滞、脱落等,造成减产和品质下降。(见插页图2-2-1)

[形态特征]

成虫:雌蚜可分为有翅胎生雌蚜和无翅胎生雌蚜2种。有翅胎生雌蚜体长为1.5～1.8 mm,黑色或黑绿色,有光泽;触角6节,第1～2节黑褐色,第3～6节黄白色,节间带褐色,第3节较长;翅基、翅痣和翅脉均为橙黄色;腹部第1～6节背面各有硬化条斑,腹管细长,黑色,有覆瓦状花纹。无翅胎生雌蚜体长1.8～2.0 mm,体较肥胖,黑色或紫黑色有光泽,体被甚薄的蜡粉;触角6节,约为体长的2/3,第1、第2、第6节,以及第5节末端均为黑色,其余黄白色;腹部第1～6节背面隆起,各节侧缘有明显的凹陷,腹管细长,黑色。

若蚜:与成蚜相似,但体形小,灰紫色,体节明显,体表具薄蜡粉。

[生物学特性]

山东、河北每年发生20代,广东、福建每年发生30多代。主要以无翅胎生雌蚜和若蚜形态在背风向阳的山坡、沟边、路旁的荠菜、苜蓿、菜豆和冬豌豆的心叶及根茎交界处越冬,也有少量以卵在枯死寄主的残株上越冬。成虫、若虫有群集性,繁殖力强,条件适宜时4～6 d即可完成1代,每头无翅胎生雌蚜可产若蚜100多头。春末夏初气候温暖、雨量适中时利于该虫发生和繁殖。旱地、坡地及植株生长茂盛地块发生重。

4. 豌豆彩潜蝇 Chromatomyia horticola Goureau

属双翅目,潜蝇科。又称豌豆植潜蝇、豌豆潜叶蝇,俗称叶蛆、叶夹虫。为害豌豆、菜豆、豇豆、红小豆、甘蓝、白菜、莴苣、番茄等22科30多种植物,各地均有发生。

[为害症状识别]

幼虫在叶片表皮下的柔软组织中取食,食去叶肉,仅留上下表皮,形成灰白色的蛇形潜道,内有黑色虫粪,影响植物生长,严重时引起叶片枯死。幼虫还能潜食嫩荚及花梗,造成落花,影响结荚。

[形态特征]

成虫:额黄色,触角黑色。中胸背板及小盾片黑灰色。前翅前缘脉仅伸达R_{4+5}。翅透明,但有虹彩反光。平衡棒黄白色。足除股节端部黄白色外,其余均为黑色。

卵:长约0.3 mm,长椭圆形,乳白色。

幼虫:共3龄,老熟幼虫黄色,长约3 mm,体表光滑透明。

蛹:长2.5 mm左右,长椭圆形,黄色至黑褐色。

[生物学特性]

成虫活跃,白天活动,吸食花蜜,或雌虫以产卵器刺破叶片,从刺孔中吸取汁液。每雌在同一叶片上只产卵1～2粒,常产在嫩叶叶背边缘。老熟幼虫在潜道末端化蛹。4—5月为发生盛期;6—7月因温度较高,虫口密度迅速下降,为害轻,迁飞到瓜类、苜蓿和杂草上生活;8月以后又逐渐转移到白菜、萝卜上继续繁殖为害。高温是抑制豌豆彩潜蝇在夏季为害的主要因素,其在7月气温高于32 ℃时难以存活,最适温度为22 ℃左右。

四、实验报告

(1)写出棉铃虫、烟青虫两种夜蛾科昆虫的主要鉴别特征及其在寄主植物上的为害症状。

(2)描述豆科蔬菜常见害虫的典型形态特征。

(3)列举茄科、豆科蔬菜上常见蚜虫的种类及其为害特征。

五、思考题

(1)如何利用棉铃虫等夜蛾科昆虫的重要习性来实施防治?

(2)如何区别植食性螨类(侧多食跗线螨)和植物病害为害植株后的症状?

(3)辨别茄科蔬菜常见害虫的形态特征,并分析其为害特点与防治方法之间的关系。

参考文献:

[1]戴爱梅,丁志梅,张海军,等.印楝素与脂肪酸甲酯联合使用对豆蚜的防治效果[J].环境昆虫学报,2022,44(5):1301-1307.

[2]郭佩佩,帕提玛·乌木尔汗,任豪辉,等.释放不同益害比多异瓢虫对设施豇豆豆蚜的防效及定殖影响[J].中国生物防治学报,2022,38(2):312-320.

[3]李钊阳,韩云,唐良德,等.普通大蓟马对寄主植物及其挥发物的行为反应[J].环境昆虫学报,2021,43(6):1566-1580.

第三章

果树虫害

实验一
仁果类、核果类果树虫害

果树主要指能生产人类食用的果实、种子及衍生物的木本或多年生草本植物。果树生产是我国农业农村经济的重要组成部分,科学管理果树栽培和生产等环节,有利于繁荣农业农村经济和市场经济。各地果树栽培种类多,具有生产周期长、集约经营的特点,且产品利用多以鲜果为主。在生长发育过程中,果树的叶、花、果实和树干等不同部位均有可能受到多种植食性昆虫及螨类的侵害,尤其是蛀果为害的害虫严重影响果品的质量和产量。

一、实验目的

能识别和初步诊断仁果类、核果类果树主要虫害的为害症状;会观察和分析重要植食性昆虫(以及螨类)为害果树的特点;会绘制重要植食性昆虫(以及螨类)的外观形态图。

二、实验器材

1.材料

仁果类果树(梨、苹果等)、核果类果树(桃、李、樱桃等)主要害虫的浸渍标本、针插标本、生活史标本和为害症状标本,以及相关照片、挂图和多媒体课件等。

2.工具

体视显微镜、生物显微镜、放大镜、载玻片、盖玻片、解剖针、镊子、培养皿、双面刀片等。

三、内容与方法

(一)仁果类果树虫害

1. 梨虎象 *Rhynchites foveipennis* Fairmaire

属鞘翅目,象甲科。又称梨虎、梨象虫。在国内分布很广泛,吉林、辽宁、河北、山东、山西、河南、江苏、浙江、江西、福建、广东、四川、湖北等省份均有发生。主要为害梨,亦可为害苹果、花红、山楂、杏、桃等。

[为害症状识别]

成虫取食嫩芽,啃食果皮果肉,造成果面粗糙(受害梨俗称"麻脸梨"),并于产卵前咬伤产卵果的果柄,造成落果。幼虫于果内蛀食,使被害果皱缩或成凹凸不平的畸形果。对梨的产量与品质影响很大,为梨树的重要害虫。

[形态特征]

成虫:体长 12～14 mm,暗紫铜色,有金绿闪光,头管较长,头部全长与鞘翅纵长相近。雄虫头管先端向下弯曲,触角着生在头管端部约 1/3 处;雌虫头部较直,触角着生在头管中部。头部背面密生较明显的刻点,并在复眼之后密布多数细小横皱,腹面尤为明显。触角膝状 11 节,端部 3 节显著宽扁。前胸略呈球形,密布刻点和短毛,背面中部有 3 条凹纹,略呈小字形。足发达,中足稍短于前、后足,鞘翅上刻点粗大,略成 9 纵行。

卵:椭圆形,长 1.5 mm 左右,表面光滑,初乳白色,渐变乳黄色。

幼虫:长 12 mm 左右,乳白色,12 节,体表多横皱,略向腹面弯曲,头部小,大部分缩入前胸内。头前半部和口器暗褐色,后半部黄褐色。胸足退化。

蛹:长 9 mm 左右,初乳白色,渐变黄褐至暗褐色,外形与成虫相似,体表被细毛。

[生物学特性]

大多为每年 1 代,成虫潜伏在蛹室内越冬,有少数个体两年发生 1 代,第 1 年以幼虫形态越冬,次年夏秋季羽化,不出土继续越冬,第 3 年春季出土。越冬成虫在梨树开花时开始出土,在梨果拇指大时出土最多。6 月下旬以后,被害果开始落果。成虫有假死性。

2. 梨小食心虫 *Grapholita molesta* Busck

属鳞翅目,小卷叶蛾科。又名梨小蛀果蛾、东方果蠹蛾、桃折梢虫等,简称"梨小"。广布亚洲、欧洲、美洲、大洋洲。国内分布遍及南北各果区,是果树食心虫中最常见的一种。主要为害梨、桃、苹果、山楂、海棠和枇杷等果树。

[为害症状识别]

幼虫蛀食梨、桃、苹果、山楂等果树的果实,蛀入果内直达果心,取食种子和果肉(见插页图3-1-1)。早期为害的果实外有虫粪,蛀孔周围变黑腐烂,凹陷,留下一块黑疤,俗称"黑膏药"(见插页图3-1-2)。后期的入果孔小,周围青绿色。此外,还可蛀食桃树和李树的嫩梢,造成嫩梢萎蔫枯干、流胶,影响生长。

[形态特征]

成虫:体长4.6~6.0 mm,翅展10.6~15.0 mm。雌雄差异极小。前翅灰褐色,无紫色光泽。前缘具有10组白色斜纹。翅上密布白色鳞片,除近顶角下外缘处的白点外,排列很不规则。

卵:淡黄白色,近乎白色,半透明,扁椭圆形,中央隆起,周缘扁平。

幼虫:末龄幼虫体长10~13 mm。全体非骨化部分淡黄白色或粉红色,头部黄褐色,前胸背板浅黄白色或黄褐色,臀板浅黄褐色或粉红色,上有深褐色斑点。腹部末端具有臀栉,臀栉具4~7刺。

蛹:长6~7 mm,纺锤形,黄褐色,腹部第3~7节背面前后缘各有1行小刺,第8~10节各具稍大的刺1排,腹部末端有8根钩刺。茧白色,丝质,长约10 mm。

[生物学特性]

有寄主转移、为害部位转移的现象。第1、第2代幼虫为害桃、梨等的新梢,第3、第4代幼虫主要为害其果实。第3代为害梨果的幼虫,一部分在果实采收前脱果,一部分在采收后才脱果。脱果较早的可以继续化蛹,则同年发生至第4代,脱果晚的则进入滞育(越冬)状态。

3. 橘小实蝇 *Bactrocera dorsalis* Hendel

属双翅目,实蝇科。又称柑橘小实蝇、东方果实蝇。是世界性水果害虫。除柑橘、苹果外,还可为害芒果、番石榴、番荔枝、阳桃、枇杷等250余种果实。在我国被列为国内外的检疫对象。

[为害症状识别]

雌虫产卵于苹果等果实的果皮下,幼虫取食果肉,常导致水果腐烂或未熟先黄而落,严重影响水果的产量和品质,甚至使其完全失去食用价值(见插页图3-1-3)。该虫在发生严重的地区可造成作物绝收,或80%以上的作物产量损失。

[形态特征]

成虫:雌虫体长一般比雄虫稍长,体色暗褐色,体长6~8 mm。胸部背面大部分黑色,鬃11对,黄色"U"字形斑纹明显,为该虫的主要鉴别特征。

卵:长约1 mm,长椭圆形,乳白色,中部稍弯曲。

幼虫:蛆形,共3龄,随龄期增长,虫体逐渐由半透明变为乳白色,后期老熟后变成橙黄色。1、2龄幼虫不会弹跳,3龄幼虫会从果中弹跳到土中。

蛹:围蛹,椭圆形,长约5 mm,初化蛹时淡黄色,后逐渐变成红褐色,前部有气门残留的突起,末节后气门稍收缩。

[生物学特性]

每年发生多代,不同地区年发生代数差异较大,世代重叠。一年中最早出现的小高峰在5、6月,成虫发生最高峰在8、9月。成虫集中在午前羽化,以上午8时羽化量居多,活动盛期在上午10—11时和下午4—6时。产卵时雌虫在果实上形成产卵孔,卵产于果皮内,幼虫取食果肉,为害果实。

(二)核果类果树虫害

1. 桃蛀螟 *Conogethes punctiferalis* Guenée

属鳞翅目,螟蛾科。又称桃蛀野螟、豹纹斑螟、桃蠹螟等。分布于辽宁、河北、河南、山东、山西、陕西、甘肃、四川、云南、贵州、湖南、湖北、江西、安徽、江苏、浙江、福建、广东、广西、台湾等省份。是一种多食性害虫,除为害桃外,也能为害梨、李、苹果、杏、石榴、板栗、枇杷、龙眼、荔枝、无花果和芒果等多种果树的果实,还可以为害向日葵、玉米、麻等作物,以及松、杉等树木。

[为害症状识别]

幼虫蛀食桃果,使果实不能发育,果实常变色脱落或果内充满虫粪,由蛀孔流出胶汁,蛀孔周围堆积大量虫粪便,对产量和质量影响很大。

[形态特征]

成虫:体长10 mm左右,翅展20~26 mm,体黄色。胸部、腹部及翅上都有黑色斑点,前翅黑斑25~26个,后翅约15个,但个体间有变异。雄蛾第9节末端为黑色,甚为显著,雌蛾则不易见到。

卵:椭圆形,长0.6~0.7 mm,初产时乳白色,两三天后变为橘红色,孵化前变为红褐色。

幼虫:老熟幼虫长22 mm左右,头部暗黑色,胸腹部颜色多变化,体背多暗红色,腹面多为淡绿色。前胸背板深褐色。

蛹:褐色或淡褐色,长13 mm左右,翅芽达第5腹节。第5~7腹节背面前后缘各有深褐色的突起线,沿突起线上着生小齿一列。臀棘细长,末端有卷曲的刺6根。

[生物学特性]

在长江流域,第1代幼虫主要为害桃果,少数为害李、梨和苹果等的果实;第2代幼虫大部分为害桃果,部分转移为害玉米等作物;以后各代主要为害玉米、向日葵等作物。在无果树地区则全年为害玉米和向日葵等。

2. 桑白蚧 *Pseudaulacaspis pentagona* Targioni-Tozzetti

属半翅目,盾蚧科。又叫桑盾蚧、桑蚧壳虫。广泛分布于欧洲、亚洲、非洲、大洋洲、美洲,国内在江苏、浙江、四川、贵州、甘肃、广东、山东等20多个省份普遍发生。寄主范围广,能为害多种果树、经济林木及园林植物。是桃、李、杏、樱桃等核果类果树的重要害虫。

[为害症状识别]

雌成虫和若虫群集在枝干上吸食养分,造成果树发芽和长叶晚、叶小枯梢、新枝条萎缩死亡、树势衰弱,严重影响果树的产量和品质。在管理不善的果园发生严重,蚧壳密集重叠,像棉絮覆盖在枝条上,严重时甚至导致全株死亡。

[形态特征]

成虫:雌成虫橙黄或橙红色,扁平卵圆形,长约1 mm,腹部分节明显;雌蚧壳圆形,直径2.0~2.5 mm,略隆起,有螺旋纹,灰白至灰褐色,壳点黄褐色,在蚧壳中央偏向一旁。雄成虫体长0.6~0.7 mm,有翅1对;雄蚧壳细长,白色,长约1 mm,背面有3条纵脊,壳点橙黄色,位于蚧壳的前端。

卵:椭圆形,长0.25～0.30 mm。初产时淡粉红色,渐变淡黄褐色,孵化前橙红色。

若虫:初孵若虫为淡黄褐色,扁椭圆形,体长0.3 mm左右,触角、复眼和足可见,能爬行,腹末端具尾毛两根,体表有棉毛状物遮盖。蜕皮之后眼、触角、足、尾毛均退化或消失,开始分泌蜡质蚧壳。

[生物学特性]

贵州每年发生3代,受精雌成虫固定于枝干上越冬。越冬雌成虫于2月下旬至3月上旬开始活动,3月下旬开始产卵。第1代若虫盛期在4月中下旬,第2代若虫盛期为7月上旬,第3代若虫盛期为9月中旬。

3. 桃蚜 *Myzus persicae* Sulzer

属半翅目,蚜科。别名腻虫、烟蚜、桃赤蚜、菜蚜。分布于世界各地,全国均有分布。为多食性害虫,已知寄主有352种。营转主寄生生活,其中冬寄主(原生寄主)植物主要有梨、桃、李、梅、樱桃等蔷薇科果树等;夏寄主(次生寄主)植物主要有白菜、甘蓝、萝卜、芥菜、芸薹、芜菁、甜椒、辣椒、菠菜等多种作物。是多种植物病毒的主要传播媒介。

[为害症状识别]

成虫和若蚜聚集在叶片、嫩茎、花梗等部位吸食植物体内的汁液,常造成卷叶和减产,可传播多种植物病毒。为害叶片时,多在叶片背面,严重时叶片变黄、皱缩(见插页图3-1-4)。蚜虫分泌蜜露,可诱发煤污病。

[形态特征]

成虫:无翅胎生雌蚜体长约2.2 mm,体色浅绿色、浅黄色或者浅红色,背部光滑,有光泽;触角6节,仅第5节及第6节基部各有1个感觉圈;尾片黑褐色,圆锥形,近端部2/3收缩。有翅孤雌蚜体长约2.2 mm,头、胸部黑色,腹部黄绿色至褐色;触角6节,第3节外侧有9～15个感觉圈,第5节端部及第6节基部各有感觉圈1个;尾部圆锥形,近端部2/3凹陷。

卵:长椭圆形,长约0.5 mm,初产时淡黄色,后变为黑褐色,有光泽。

若蚜:无翅若蚜共4龄,体形、体色与无翅成蚜相似,个体较小,夏季虫体黄色或黄绿色,春秋季蓝灰色,尾片不明显。有翅若蚜3龄起,翅芽明显且后半部分灰黄色,体形较无翅若蚜略显瘦长。

[生物学特性]

每年发生10~40代,繁殖快,世代重叠。以卵越冬的桃蚜,春季气温达6 ℃以上时开始活动,从冬寄主往夏寄主上迁飞;2月底至3月初孵化为干母,一般在桃树上繁殖3代;4月底至5月初出现有翅蚜,开始迁往烟草、早春作物上,在烟草上可繁殖15~17代;8—9月间又迁往十字花科蔬菜上为害,可繁殖8~9代;10—11月气温渐低,在秋菜田内产生的有翅雄蚜和母蚜迁回桃树,交配产卵越冬。一年内有翅蚜迁飞3次。在不同年份发生量不同,主要受降雨量、气温等气候因子所影响,一般适宜发生温度为16~22 ℃。

4. 樱桃瘿瘤头蚜 *Tuberocephalus higansakurae* Monzen

属半翅目,蚜科。我国分布于山东、河北等地,主要为害樱桃,是樱桃春季的主要害虫之一。

[为害症状识别]

成虫和若虫吸食叶片汁液为害(见插页图3-1-5),造成樱桃树势衰弱、产量降低。

[形态特征]

成虫:有翅雌蚜和无翅雌蚜体长1.2~1.8 mm,头部呈黑色,体深色,虫体表面较粗糙,有1对腹管,呈圆筒形。

卵:椭圆形,初产时淡黄色,有光泽。

若虫:有卵生型和胎生型,体形较小,形态似无翅雌蚜,初孵若虫淡褐色。

虫瘿:花生壳状,长2~4 mm,初期绿中略带红色,后期呈黄白色至黄褐色,反面有开口。

[生物学特性]

每年发生多代。以卵在小枝条芽腋处越冬,也可在小枝分枝处及大枝的粗皮裂缝处越冬。次年3月上中旬,进入樱桃盛花期,越冬卵开始孵化,孵化盛期为3月中下旬,若蚜孵化后就可爬行扩散,就近寻找嫩叶的叶尖及两侧缘的反面固定为害。至4月中旬,干母发育成熟时,虫瘿基本形成,干母在虫瘿中能继续取食并繁殖下一代若蚜,5月底、6月初蚜量达到全年最高峰,9月下旬陆续产生性蚜,10月中下旬即产卵越冬。

5. 桃红颈天牛 *Aromia bungii* Faldermann

属鞘翅目,天牛科。又称红颈天牛、铁炮虫、哈虫。国内各省份均有分布。是桃树的主要害虫,南方的梅、樱桃、苹果、杏和北方的梨、杏也受害颇重。

[为害症状识别]

幼虫由上而下蛀食树干韧皮部和木质部,形成弯曲无规则蛀道,可到达主干地面下2~3寸(1寸=1/30 m)。幼虫钻蛀隧道全长50~60 cm。树干蛀孔外及地面上常大量堆积红褐色粪屑。受害严重时树干中空、树势衰弱,以致枯死。

[形态特征]

成虫:体长28~37 mm,黑色,有光亮;头黑色,腹面有许多横皱,头顶部两眼间有深凹;触角蓝紫色,基部两侧各有一叶状突起;前胸背板红色,背面有4个光滑疣突,具角状侧枝刺;鞘翅翅面光滑,基部比前胸宽,端部渐狭。雄虫身体比雌虫小,前胸腹面密布刻点,触角超出虫体5节;雌虫前胸腹面有许多横皱,触角超过虫体2节。成虫有两种色型,一种是身体黑色发亮、前胸棕红色的"红颈型",另一种是全体黑色发亮的"黑颈型"(见插页图3-1-6)。

卵:卵圆形,乳白色,长6~7 mm。

幼虫:老熟幼虫体长42~52 mm,乳白色,前胸较宽广。身体前半部分各节略呈扁长方形,后半部分稍呈圆筒形,体两侧密生黄棕色细毛。前胸背板前半部分横列4个黄褐色斑块,背面的两个斑块各呈横长方形,前缘中央有凹缺,后半部分背面淡黄色,有纵皱纹;位于两侧的黄褐色斑块略呈三角形。胸部各节的背面和腹面都稍微隆起,并有横皱纹。

蛹:长约35 mm,初为乳白色,后渐变为黄褐色。前胸两侧各有1刺突。

[生物学特性]

一般2年发生1代,以幼龄幼虫形态在第1年和以老熟幼虫形态在第2年越冬。成虫于5—8月间出现;各地成虫出现期自南至北依次推迟。

四、实验报告

(1)写出各种昆虫的鉴别特征。

(2)写出每种害虫的为害症状。

(3)绘制梨虎象和桃蛀螟的形态特征图。

五、思考题

(1)为什么捡拾落果对于蛀果性害虫的防控非常重要？

(2)如何根据形态特征和为害特点区分为害果树的蚧壳虫类和蚜虫类昆虫？

实验二
柑果类、浆果类果树虫害

柑果类果树主要有柑、橘、橙和柚等，本实验案例以柑橘上的重要害虫（螨）为主。常见的浆果类果树主要有蓝莓、火龙果、枇杷和草莓等，本实验主要介绍贵州省重要果树（即蓝莓、火龙果和枇杷）上的重要虫害。

一、实验目的

能识别和初步诊断柑果类、浆果类果树主要虫害的为害症状；会观察和分析重要植食性昆虫（以及螨类）为害果树的特点；会绘制重要植食性昆虫（以及螨类）的外观形态图。

二、实验器材

1. 材料

柑果类果树（柑橘等）、浆果类果树（蓝莓等）主要害虫的浸渍标本、针插标本、生活史标本和为害症状标本，以及相关照片、挂图和多媒体课件等。

2. 工具

体视显微镜、生物显微镜、放大镜、载玻片、盖玻片、解剖针、镊子、培养皿、双面刀片等。

三、内容与方法

（一）柑果类果树虫害

1. 柑橘全爪螨 *Panonychus citri* McGregor

属绒螨目，叶螨科。普遍分布于各柑橘产区。除柑橘类植物外，还为害桑、梨、桃等30科40种多年生和一年生植物。

[为害症状识别]

成螨、若螨和幼螨均能为害。以口器刺吸叶片、枝梢及果实的汁液。被害叶片出现许多灰白色小斑点，严重时全叶灰白色，造成大量落叶和枯梢，影响树势和产量。柑橘苗木和幼树受害最严重。

[形态特征]

成螨：雌成螨体长0.3～0.4 mm，暗红色，椭圆形；背毛13对，着生在背部及背侧的瘤状突起上，故有"瘤皮红蜘蛛"之称；足4对，爪间突爪状。雄成螨体形较雌成螨略小，鲜红色，后端较狭，呈楔形。

卵：球形略扁，直径约0.13 mm，红色有光泽。卵上有一垂直的柄，柄端有10～12条细丝，向四周散射伸出，附着于叶面上。

幼螨：体长0.2 mm，体色较淡，足3对。幼螨蜕皮则为前若螨。

若螨：形状和色泽近似成螨，个体较小，足4对。前若螨体长0.20～0.25 mm，后若螨体长0.25～0.30 mm。

[生物学特性]

以春、秋两季发生最为严重。越冬螨类3月开始为害繁殖。4—5月春梢时期，种群数量迅速增加达到高峰，从老叶向春梢嫩叶转移为害，1个月左右便会成灾。6月田间种群密度开始下降，7—8月由于高温影响，数量很少。秋季9—10月气温渐降，种群数量上升，严重为害秋梢。

2. 柑橘瘿螨 *Eriophyes sheldoni* Ewing

属恙螨目，瘿螨科。俗称柑橘瘤壁虱。普遍分布于各柑橘产区。除柑橘类植物外，还为害桑、梨、桃等30科40种多年生和一年生植物。

[为害症状识别]

为害柑橘春梢的腋芽、花芽、嫩叶和新梢的幼嫩组织。由于在受害部位产生愈伤组织而形成胡椒颗粒状的螨瘿，使叶片不能抽出，为害严重时使植株不能开花结果，严重影响柑橘产量。

[形态特征]

成螨：雌虫体长0.18 mm，胡萝卜形，淡黄色至橙黄色。头胸部短宽，背盾板微拱，表面光滑，其后缘具背刚毛1对，口器刺吸式，略向前方伸出，口器两侧着生有由3节组成的须肢1对，足2对，足由5节组成。腹部细长，具环纹65～70个，雌性外生殖器略呈五边形，其上覆盖有盖片。雄性体形较小。

卵：白色透明，略呈球形，直径约0.048 mm。

幼螨：体短粗，近于三角形，体色浅，腹部背面环纹约50环。

若螨：形态与成虫基本相似，体长0.12～0.13 mm，背腹面环纹均比成虫少，背面约65环，腹面约46环。

[生物学特性]

春季3—4月从老虫瘿内爬出，为害当年春梢的新芽、嫩枝、叶柄、花苞、萼片和果柄。受害部位形成颗粒状虫瘿，初期呈淡绿色，随时间延长颜色逐渐变深。成虫在虫瘿内繁殖，在生长季节，一个虫瘿内各种虫态并存。

3. 吹绵蚧 *Icerya purchasi* Maskell

属半翅目，硕蚧科。我国除西北、东北各省份和西藏外，全国各省份均有发生，长江以北地区主要在温室内发生，在南方各省份为害较严重。寄主植物超过250种，除柑橘外，还常见于木麻黄、台湾相思、木豆等护田林木上，观赏植物玫瑰及特用作物茶树上也有发生。

[为害症状识别]

若虫、成虫群集在柑橘等植物的叶芽、嫩枝及枝条上为害。使叶色发黄、枝梢枯萎，引起落叶、落果和树势衰弱，甚至枝条或全株枯死。并能诱致煤污病，使枝叶表面盖上煤烟状黑色物一层，影响光合作用。

[形态特征]

雌成虫：体椭圆形，橘红色，体长5～7 mm。腹面平坦，背面隆起，并着生黑色短毛，被有白色蜡质分泌物。无翅，足和触角均黑色。腹部附白色卵囊，囊上有脊状隆起线14～16条。（见插页图3-2-1）

雄成虫：体瘦小，长约3 mm，橘红色，翅展8 mm。触角黑色，除第1、第2两节外，其余各节两端膨大,中间缩细,呈哑铃状,膨大部分有1圈刚毛。前翅发达,紫黑色,后翅退化成平衡棍。口器退化。腹端有2突起,其上各有长毛4条。

卵:长椭圆形,长0.65 mm,宽0.29 mm,初产时橙黄色,后变橘红色。密集于卵囊内。

若虫:初孵若虫的足、触角及虫体上的毛均甚发达。取食后,体背覆盖淡黄色蜡粉。触角黑色,6节,第6节最长,第5节有2根毛,第6节有4根毛。2龄始有雌雄区别,雄虫体长而狭,颜色亦较鲜明。

蛹(雄):体长3.5 mm,橘红色,被有白蜡质薄粉。茧白色,长椭圆形,茧质疏松,自外可窥见蛹体。

[生物学特性]

若虫孵化后在卵囊内经一段时间开始分散活动,多定居于新叶叶背主脉两侧,蜕皮时更换位置。2龄后逐渐移至枝干阴面群集为害,3龄若虫出现性分化。雌虫成熟并固定取食后终生不再移动,形成卵囊并产卵于其中。产卵期长达1个月。

4. 矢尖蚧 *Unaspis yanonensis* Kuwana

属半翅目,盾蚧科。又称为矢尖盾蚧、矢尖蚧壳虫、箭头蚧等。国内柑橘产区普遍发生,四川、贵州和浙江、福建(北部)发生较多,湖南、湖北、广西次之,广东较轻。寄主有柑橘、龙眼等。

[为害症状识别]

雌成虫和若虫在叶片、果实和嫩梢上吸食汁液为害,受害轻的叶片被害处出现淡黄斑,受害严重时叶片扭曲变形,发生量大时,造成叶片干枯、卷缩和树势衰弱,影响产量和品质。

[形态特征]

成虫:雌成虫体长形,橘橙色,长2.5 mm;胸部长,腹部短,前胸与中胸分节明显,第1、第2腹节边缘突出;体表覆盖的蚧壳较细长,长2.0～3.5 mm,紫褐色,周围有白边;前端尖、后端宽,中央有1纵脊(见插页图3-2-2)。雄成虫体橘橙色,长0.5 mm,具翅1对,翅展1.7 mm。腹部末端具针状交尾器;体表覆盖的蚧壳白色,蜡质长形,两侧平行,壳背有3条纵脊,长1.3～1.6 mm。

卵:椭圆形,长约0.2 mm,橙黄色。

若虫：初孵若虫体长 0.23～0.25 mm，草鞋形，橙黄色。触角、足发达，能爬行。2 龄若虫长椭圆形，淡黄色，口针细长，触角和足已消失，蚧壳为 3 束白色蜡质絮状物。

蛹：前蛹长 0.7～0.8 mm，长卵形，橙黄色，腹末黄褐色，眼黑褐色。蛹体长为 0.8～0.9 mm，色较前蛹深黄，触角已见分节，尾节的交配器突出。

[生物学特性]

越冬雌成虫于第二年日平均温度达 19 ℃时开始产卵。第 1 代若虫在 5 月下旬发生，多在老叶上寄生为害。第 2 代若虫在 7 月中旬出现，大部分寄生在新叶上，少数寄生在果实上。第 3 代若虫在 9 月上旬出现。成虫于 10 月下旬出现。

5. 星天牛 *Anoplophora chinensis* Forster

属鞘翅目，天牛科。又称白星天牛、银星天牛、橘根天牛、花牯牛、盘根虫。国外分布于日本、朝鲜、缅甸等地。国内分布非常广泛，除南方各省份柑橘产区外，北方的辽宁、山东、河北、山西、河南、陕西、甘肃等省份也有分布。寄主植物有 19 科 29 属 40 多种。主要为害柑橘、无花果、柳、苦楝、法国梧桐、枇杷、荔枝、桑、白杨、洋槐、柽柳等果树和林木。

[为害症状识别]

幼虫主要为害成年树的主干基部和主根，少见害枝。幼虫在近地面的树干及主根皮下蛀害，破坏树体的养分和水分的输送，以致树势衰退，重者造成"围头"现象，整株枯死。成虫可食害嫩枝皮层，产卵时咬破树皮，造成伤口。

[形态特征]

成虫：体长 19～39 mm，漆黑色而有光泽，具小白斑 20 个左右。触角第 3～11 节每节基部有淡蓝色毛环。雄虫触角超过体长 1 倍，雌虫触角则稍长于体长。前胸背板中瘤明显，侧刺突粗壮。小盾片及足的跗节被淡青色细毛。鞘翅基部密布颗粒，鞘翅表面散布许多由白色细绒毛组成的斑点，不规则排列。

卵：长 5～6 mm，长椭圆形，乳白色，孵化前黄褐色。

幼虫：老熟幼虫体长 45～67 mm，淡黄白色；前胸背板前方左右各有 1 黄褐色飞鸟形斑纹，后方有 1 块黄褐色凸字形大斑纹，略隆起；胸足退化消失；中胸腹面、后胸及腹部第 1～7 节背、腹两面均具有移动器。背面的移动器呈椭圆形，中有横沟，周围有不规则隆起，密生极细刺突。

蛹：长 30 mm 左右，乳白色，老熟时呈黑褐色，触角细长、卷曲，体形与成虫相似。

[生物学特性]

每年发生 1 代。越冬幼虫第二年 3 月间开始活动，4 月上旬气温稳定在 15 ℃ 以上时开始化蛹。多数地区成虫自 4 月下旬或 5 月上旬开始出现，5—6 月为羽化盛期，羽化期可至 8 月下旬。

6. 柑橘潜叶蛾 *Phyllocnistis citrella* Stainton

属鳞翅目，潜叶蛾科。又名橘潜蛾、潜叶虫、绘图虫、鬼画符。国外分布于印度、印度尼西亚、越南、澳大利亚和日本等地，国内主要分布于江苏、浙江、江西、福建、台湾、湖南、湖北、广东、广西、四川、云南、贵州等省份。寄主主要有柑、橘、橙、柚、柠檬、香橼等柑橘属植物。

[为害症状识别]

幼虫在柑橘嫩茎、嫩叶表皮下钻蛀为害，形成银白色的蜿蜒隧道。受害叶片卷缩或变硬，易于脱落，使新梢生长停滞，严重影响树势及来年开花结果情况。春梢受害较轻，夏梢受害较重，秋梢受害特别严重。尤以苗木、幼树上发生最多，影响生长和结果。被害叶片还常常成为柑橘全爪螨、卷叶蛾等害虫的越冬场所。柑橘潜叶蛾为害叶片和枝条造成的伤口，使得溃疡病病菌容易侵入。

[形态特征]

成虫：体长仅 2 mm，翅展 5.3 mm。虫体及前翅均银白色。前翅披针形，翅基部有两条褐色纵脉，约为翅长之半。翅中部又具 2 黑纹，形成"Y"字形。翅尖缘毛形成一黑色圆斑。后翅银白色，针叶形，缘毛极长。

卵：椭圆形，长 0.3～0.6 mm，乳白色，透明。

幼虫：黄绿色，初孵时体长 0.5 mm。胸部第 1、第 2 节膨大，近方形，尾端尖细，足退化。成熟幼虫体扁平，椭圆形，长约 4 mm。头部尖，胸腹部每节背面在背中线两侧有 4 个凹孔，排列整齐。腹部末端尖细，具 1 对细长的尾状物。

蛹：长 2.8 mm，纺锤形，初化蛹时淡黄色，后渐变黄褐色。腹部可见 7 节，第 1～6 节两侧各有瘤状突，各生 1 根长刚毛，末节后缘每侧有明显肉质刺 1 个。

[生物学特性]

每年发生 9～15 代，世代重叠。以蛹和幼虫形态在被害叶上越冬。每年 4 月下旬至5月上旬,幼虫开始为害,7—9月是发生盛期,10月份后发生减少,完成一代需20 d左右。成虫大多清晨羽化,白天栖息在叶背处及杂草中,夜晚活动,趋光性强。交尾后2~3 d于傍晚产卵,卵多产在嫩叶背面中脉附近,每叶上可产数粒,每雌可产卵40~90粒。

7. 柑橘大实蝇 *Bactrocera minax* Enderlein

属双翅目,实蝇科。又称橘大实蝇、黄果蝇。国外分布于不丹、印度、日本等地,国内主要分布于四川、云南、贵州、广西、湖南、湖北、陕西、台湾等省份。寄主植物仅限于柑橘属多种果树,主要为害红橘、甜橙、酸橙和柚子,有时偶尔也为害柠檬、香橼和佛手。

[为害症状识别]

成虫产卵于柑橘幼果中。幼虫在果实内部穿食瓤瓣,常使果实未熟先黄,提前脱落,而且被害果极易腐烂,丧失食用价值,严重影响产量和品质。

[形态特征]

成虫:体长10~13 mm,翅展约21 mm,全体呈淡黄褐色。触角黄色,由3节组成,第3节上着生有长形的触角芒。复眼大,肾脏形,金绿色。单眼3个,排列成三角形,此三角区黑色。胸部背面中央具深茶褐色人形斑纹,此纹两旁各有宽的直斑纹1条。腹部第3节最大,此节近前缘有1较宽的黑色横纹,与腹背中央的黑色纵纹相交成十字形,第4、第5节的两侧近前缘处及第2~4节侧缘的一部分均有黑色斑纹。产卵管圆锥形。

卵:长椭圆形,一端稍尖,中部微弯曲,两端透明,中央乳白色。

幼虫:老熟幼虫乳白色。前端尖细,后端粗壮。前气门扇形,上有乳状突起30多个。

蛹:椭圆形,金黄色,羽化前转变成黄褐色。

[生物学特性]

在贵州惠水,4月下旬越冬蛹开始陆续羽化,5月中下旬成虫盛发,5月下旬开始交尾,6月中旬至7月上旬为交尾产卵盛期。幼虫于7月下旬开始孵出,在果内为害。9月下旬被害果开始脱落,10月中下旬落果最盛,虫果落地后7~10 d幼虫即离果入土,一般脱果后1~4 d化蛹,10月下旬为化蛹盛期。

8. 柑橘凤蝶 *Papilio xuthus* Linnaeus

属鳞翅目,凤蝶科。又称柑橘黄凤蝶、花椒凤蝶、燕凤蝶。主要分布于缅甸、中国、韩国、日本、菲律宾等亚洲国家和地区。主要为害柑橘、枸橘、金橘和柠檬等柑橘属植物。

[为害症状识别]

初孵幼虫咬食嫩叶,成长中幼虫暴食成叶,严重发生时,可将幼年树新梢叶片全部食光,影响树冠的形成。成虫产卵于柑橘幼果中。

[形态特征]

成虫:春型体长20~24 mm,翅展69~75 mm;夏型体长25~29 mm,翅展87~100 mm。两者翅上花纹黄绿色或黄白色,排列均一致,但夏型雄蝶的后翅前缘多1个黑斑。前翅中室基半部有放射状斑纹4~5条,端半部有2个横斑;亚缘区具一列8枚近月牙形斑,与外缘平行排列。后翅M_3脉处具尾突,基半部斑纹呈顺脉纹状排列,被脉纹分割;外缘区有1列弯月形斑纹,臀角有1个环形或半环形红色斑纹。(见插页图3-2-3)

卵:长1.0~1.3 mm,散产,初产时淡黄色,逐渐加深为黄褐色。圆球状,无明显棱脊,有的卵壳上布有不明显的微小皱纹。

1龄幼虫:初孵浅黄褐色,随后渐变为褐色;头部、腹末及第2~4腹节背中部色浅,土黄色;头胸部宽,腹部窄,圆筒状。

2龄幼虫:头部浅土黄色,两侧具白色斑块;第2~4腹节背面浅色部分连成白色"V"形斑。

3龄幼虫:棕褐色,气门黑色;体侧腹面白色,第1、第6腹节背面疣突外侧各具一黑斑;"Y"形嗅腺明黄色,受惊时外翻。

4龄幼虫:墨绿色,胸部膨大明显,头部、腹末疣突呈角状突起,亚背线及气门上线部位具白色小圆斑。

5龄幼虫:绿色,体肥壮;体表光滑、疣突消失;气门黄色或白色,椭圆形,小;后胸背面两侧各有1枚蛇眼状斑,前缘红色,中后部分黑色,中部有一白色纵纹;两眼斑间为一浅黄绿色横带,带内具开口向后的墨绿色"U"形纹。

蛹:长24~30 mm,体宽8~11 mm,近菱形。翅达第5腹节后缘,触角达第4腹节后缘。第4腹节最宽,胸部背面隆起,第1~5腹节背面凹陷,腹面凸起。初化蛹时腹面灰白色,背面淡黄绿色。

[生物学特性]

每年发生3代,主要发生在3—10月,世代重叠。以蛹越冬,3月下旬越冬代蛹开始羽化,第1代成虫于4月开始出现,羽化当天即可交尾,将卵散产于植物叶背或叶面。卵期5~8 d,幼虫期15~24 d,蛹期9~15 d,成虫期10~12 d。5—8月为幼虫为害盛期。成虫白天活动,善于飞翔,中午至黄昏前活动最盛,喜食花蜜。

(二)浆果类果树虫害

蓝莓虫害有:

1. 黑腹果蝇 *Drosophila melanogaster* Meigen

属双翅目,果蝇科。全世界均有分布。是为害蓝莓的最主要害虫。寄主广泛,主要包括樱桃、葡萄、草莓、蓝莓、黑莓等。

[为害症状识别]

雌果蝇产卵于成熟果、裂果内,孵化后的幼虫蛀食为害(见插页图3-2-4)。受害果实变软,果汁外溢,落果,品质下降。

[形态特征]

成虫:雌虫体长约3 mm,腹部背面有明显的5条不间断黑色条纹,腹部背板后缘黑带中央不断开,肛尾叶与生殖背板分离,腹部末端呈尖锥状,前足第1跗节无性梳。雄虫体形小,腹部末端圆钝,腹部腹面可见腹节4节,腹部背面有3条明显的黑纹,两前足第1跗节上具有1黑色性梳。

卵:白色,长约0.5 mm,长椭圆形,腹面扁平,头部有2条细长呼吸管。

幼虫:乳白色,蛆状,每节有1圈小型钩刺。

蛹:被蛹,呈梭形,长2~3 mm。前端具有2个细小的呼吸孔,后部有尾芽。蛹前期乳白色,后期变为深褐色。

[生物学特性]

每年发生13~16代,有3个发生高峰期,世代重叠。3月中下旬,气温15 ℃左右,成虫开始出现,气温稳定在20 ℃左右时成虫达到羽化高峰。6月初成虫开始在果实上产卵为害,6月下旬至7月上旬为产卵为害盛期,幼虫在果内一般经过5~6 d发育至老熟并咬破果皮脱果,落地化蛹。以成虫或蛹的形态在土壤、烂果或果壳内越冬。

2. 铃木氏果蝇 *Drosophila suzukii* Matsumura

属双翅目,果蝇科。分布广,食性杂,寄主植物广泛,为害樱桃、桃、李、葡萄、草莓、树莓、蓝莓、柿子和番茄等的果实。

[为害症状识别]

雌虫产卵于近成熟果或成熟果内,幼虫孵化后在果内取食果浆。被害果取食点周围迅速腐烂,并引发真菌、细菌或其他病原的二次侵染,加速果实腐烂。(见插页图3-2-5)

[形态特征]

成虫:雄成虫体长2.6~2.8 mm,翅展6~8 mm;雌成虫体长3.2~3.4 mm,体色近黄褐色或红棕色,头部有1对红色复眼,腹部黄棕色。雄成虫前足第1、第2跗节分别具3~6个性梳;膜翅脉端部具1黑斑。雌成虫产卵器黑色,硬化,有光泽,突起坚硬,锯齿状,齿状突颜色较产卵器其他部位深。

卵:白色,长约0.6 mm,长椭圆形,头部有2条细长的呼吸管,长度大于黑腹果蝇。

幼虫:共3龄,体长小于4 mm,白色或乳白色,圆柱状,可见内部器官,头咽骨黑色。

蛹:被蛹,蛹长2~3 mm,圆筒形,深红棕色,前端具有2个细小的呼吸孔,后部有尾芽,末端具2个刺尖。

[生物学特性]

每年可发生10~13代,世代重叠。成虫寿命3~9周,越冬代成虫寿命长。一个生命周期需15~30 d,最短仅8~9 d。日均温达到11 ℃时即开始活动,在气温为22~25 ℃时雌虫产卵最多且产卵前期时间最短,每雌可产200~600粒卵。卵和幼虫均在果实内发育,化蛹时钻出果实并落地化蛹。一般以成虫形态越冬,幼虫和蛹也可。

3. 暗黑鳃金龟 *Holotrichia parallela* Motschulsky

属鞘翅目,金龟科。我国20多个省份都有分布。是花生、豆类、粮食作物的重要地下害虫,也为害蓝莓。

[为害症状识别]

成虫取食寄主的叶、花或啃食果实(见插页图3-2-6),幼虫食害寄主根部幼嫩组织。果苗受害损失严重。被害叶呈不规则缺刻状或仅残留叶脉;果被害后,出现不规则孔洞;植株受害严重时,出现断根、断垄或树势衰弱。

[形态特征]

成虫:长椭圆形,体长17~22 mm,宽9.0~11.3 mm。初羽化成虫红棕色,后逐渐变为红褐色或黑色,体被淡蓝灰色粉状闪光薄层。触角10节,红褐色。前胸背板侧缘中央呈锐角状外突,刻点大而深,前缘密生黄褐色毛。每鞘翅上有4条可辨识的隆起带,刻点粗大,散生于带间,肩瘤明显。小盾片半圆形,端部稍尖。腹部圆筒形,腹面微有光泽,尾节光泽性强。雄虫臀板后端浑圆,雌虫则尖削。雄性外生殖器阳基侧突的下部不分叉,上部相当于上突部分呈尖角状。(见插页图3-2-6)

卵:初产时乳白色,长椭圆形,长约2.61 mm,宽约1.62 mm。膨大后,长约3.2 mm,宽约2.48 mm。

幼虫:3龄幼虫头宽约5.6 mm,头部前顶毛每侧1根,位于冠缝侧,后顶毛每侧各1根。臀节腹面无刺毛列,钩状毛多,约占腹面的2/3。

蛹:体长18~25 mm,宽8~12 mm,淡黄色或杏黄色。腹部背面具2对发音器,位于腹部背面4、5节,5、6节交界处中央。1对尾角成锐角岔开。

[生物学特性]

每年发生1代,以成虫形态越冬,翌年4月中旬开始出土活动,5月下旬为盛期,7月中旬至10月为幼虫为害期,10月下旬进入越冬期。食性杂,食量大,有群集取食习性。成虫活动的适宜条件为温度25~28 ℃,相对湿度80%以上。

4. 粗狭肋齿爪鳃金龟甲 *Holotrichia scrobiculata* Brenske

属鞘翅目,金龟科。是为害蓝莓的优势害虫,分布广,除为害蓝莓外,也喜食刺梨、板栗、白栎、枫香等多种植物。

[为害症状识别]

成虫喜群聚取食,虫口密度大时,常将整棵树的叶吃光,将一棵树上的叶片吃光后才转移为害。

[形态特征]

成虫:体长23~25 mm,宽10~12 mm,长椭圆形,体黄色或棕色,前胸背板短阔,红褐色,为中型鳃金龟,触角鳃片部3节生,鞘翅散布细小刻点,纵肋可见(见插页图3-2-7)。

卵:椭圆形,乳白色,长2.1~2.3 mm。

幼虫:共3龄,体乳白色,"C"字形(见插页图3-2-7)。

蛹:裸蛹,长13~16 mm,初期为淡黄色,后期为橙黄色。

[生物学特性]

每年发生1代,以成虫形态在土中越冬,翌年4月中旬开始出土活动,5月底、6月初为出土高峰期。该虫白天不出土,19:40左右开始出土,20:20左右大量出土,22:30后陆续潜伏至附近果园中。

火龙果虫害有:

5. 桃蛀螟 *Conogethes punctiferalis* Guenée

属鳞翅目,螟蛾科。又称桃蛀野螟、桃斑螟、桃实虫、桃蛀虫。幼虫俗称蛀心虫,是重要蛀果性害虫,主要为害板栗、玉米、向日葵、桃、李、山楂、火龙果、枇杷、龙眼、荔枝等多种植物。

[为害症状识别]

以幼虫蛀食为害火龙果果实为主,有时也可为害枝条,成虫产卵于果实表面或花瓣上,卵散产。幼虫孵化后在果蒂或果实与鳞片的夹角处取食果实表皮,排泄的粪便与所吐的丝交织在一起将幼虫盖住,幼虫随着成长逐渐蛀入果肉内为害。从外表看果面有孔洞,有似果胶物流出,在果脐部位形成丝网,并有粪便排出。(见插页图3-2-8)

[形态特征]

成虫:体长12 mm左右,翅展22~25 mm,体、翅皆为黄色,表面具许多黑斑点,似豹纹,前翅有25~28个斑点,后翅有15~16个斑点。

卵:椭圆形,长0.6 mm,宽0.4 mm,表面粗糙,布细微圆点,初乳白色,渐变橘黄、红褐色。

幼虫：老熟幼虫体长约25 mm，体色变化较大，有淡褐、浅灰、浅灰蓝、暗红等色，背面带紫红色，腹面淡绿色，体表有许多黑褐色凸起，头暗褐色。

蛹：长13 mm，初淡黄绿色后变褐色，臀棘细长，末端有曲刺6根。茧长椭圆形，灰白色。（见插页图3-2-8）

[生物学特性]

贵州省火龙果种植区域每年发生6~7代，世代重叠。以老熟幼虫形态于12月中旬在树翘皮、残枝落叶、树下的僵果，以及果园四周的玉米、高粱、向日葵秸秆等场所越冬。越冬幼虫于翌年2月下旬开始化蛹，2月底羽化成虫。1~3代幼虫主要为害桃、李、玉米和向日葵。7—8月成虫转移到火龙果上产卵为害，9—10月为果实为害高发期。成虫昼伏夜出，主要取食花蜜和成熟果实汁液，对黑光灯和糖醋液均有较强的趋性。

6.白星花金龟 *Protaetia brevitarsis* Lewis

属鞘翅目，花金龟科。又称白星花潜、白纹铜花金龟、白斑金龟甲。在我国及周边国家如蒙古、日本、朝鲜和俄罗斯都有分布，是一种常见的农作物和果树害虫。

[为害症状识别]

成虫咬食火龙果嫩梢，形成孔洞和缺刻，果实成熟时群集咬食为害，使其失去经济价值（见插页图3-2-9）。成虫也可在树干烂皮处取食汁液。

[形态特征]

成虫：体长17~24 mm，宽9~13 mm，椭圆形，背面较平，体较光亮，多古铜色，体表散布众多不规则白绒斑。白绒斑多集中在鞘翅中、后部；鞘翅宽大，近长方形，遍布粗大刻点，白绒斑多为横向波浪形。头部较窄，两侧在复眼前明显陷入，中央隆起，唇基较短宽，密布粗大刻点，前缘向上折翘。复眼突出，黄铜色带有黑色斑纹。前胸背板具不规则白线斑，长短于宽，两侧弧形，后角与鞘翅前缘角之间有一个三角片，甚显著。

卵：乳白色，圆形或椭圆形，长1.6~2.0 mm，同一雌虫所产卵的大小不同。

幼虫：老熟幼虫体长24~39 mm，头部褐色，具3对胸足，腹部乳白色，肛腹片上的刺毛呈倒"U"字形纵行排列。

蛹：卵圆形，长20~23 mm，初期为白色，渐变为黄白色。

[生物学特性]

每年发生1代,主要以2~3龄幼虫形态在地下腐殖质或厩肥中越冬,以地下根或腐殖质为食,翌年4—6月,幼虫在地下20 cm深的土壤中老熟化蛹,大约20 d后,蛹羽化为成虫。每年6—7月为成虫为害盛期。成虫昼伏夜出,具假死性、趋光性、趋腐性及趋糖性。幼虫为腐食性,多在腐殖质丰富的疏松土壤或腐熟的粪堆中生活,对土壤中大分子有机物转化为易被作物吸收利用的小分子有机物有一定促进作用。

枇杷虫害有:

7. 枇杷木虱 *Psylla chinensis* Yang & Li

属半翅目,木虱科。主要分布于贵州、安徽、湖北、四川、浙江。是中国枇杷主要害虫之一。

[为害症状识别]

成虫和若虫刺吸枇杷芽、花、叶和嫩梢的汁液进行直接为害,以为害花穗和幼果为主。若虫多集中在叶柄和花基部的夹缝中,或花穗茸毛内为害,且分泌白色黏胶状物,易引发煤污病。后期常与花腐病混合发生,导致花穗萎蔫腐烂。被害叶片叶脉扭曲、叶面皱缩、叶色逐渐变暗变黑。在幼果期主要集中在果柄和果脐附近,为害后产生白色胶状物,诱发煤污病,妨碍幼果生长,造成栓皮,影响果实的品质和外观,使其失去商品价值。

[形态特征]

成虫:体长2.3~3.2 mm,体褐色,头顶及足色淡,触角顶部有丫杈。雄虫腹部瘦,体小,腹面有黑白相间环状纹;雌虫腹部肥大,腹面有红黑相间的环状纹。背面有4条红黄色或黄色纵条纹,静止时翅呈屋脊状叠于体上。(见插页图3-2-10)

卵:长椭圆形,一端尖细,一端钝圆,其下有一个刺状突起,固定在植物组织上。越冬代成虫早春产卵,初产时黄白色,后变黄色,夏季均为乳白色。

若虫:体扁圆形,褐色,翅芽长圆形,突出于身体两侧。(见插页图3-2-10)

[生物学特性]

贵州每年发生多代,世代重叠。以成虫形态在枇杷枝干的树皮裂缝内越冬,少数在杂草、枯叶及土隙中越冬。越冬成虫于4月至5月上旬出蛰,4月至5月中下旬为盛期。5—9月均有成虫发生,成虫具有趋黄色习性。枇杷木虱以若虫为害为主,据田间调查,在贵州枇杷主产区每年出现2个若虫为害高峰期。第1个为害高峰期在2月中旬至3月中旬,主要为害幼果。第2个为害高峰期在10月中旬至12月上旬,主要为害花穗,若虫集中在花穗茸毛内、花朵间的缝隙处为害。

8. 枇杷瘤蛾 *Melanographia flexilineata* Hampson

属鳞翅目,灯蛾科。又名枇杷黄毛虫。在我国四川、海南、广东、广西、贵州等地均有分布,是枇杷主要害虫之一。

[为害症状识别]

以幼虫为害枇杷新梢上的幼叶为主,低龄幼虫群集在新梢嫩叶处取食叶肉,使其仅剩下表皮和白色茸毛,3龄幼虫把新叶啃成空洞或缺刻状。4～5龄幼虫蚕食全叶,严重时还啃食叶脉、嫩茎表皮、花和果实,造成枇杷减产、树势衰弱,甚至死亡。(见插页图3-2-11)

[形态特征]

成虫:雌虫体长9.0～9.5 mm,翅展20～26 mm,雄虫体长8.5～9.0 mm,翅展19～20 mm,灰白色,有银光。前胸及中胸两侧密生灰白色鳞毛。前翅灰白色,内线及外线黑色,亚外缘线为浓黑色不规则锯齿状横纹,在外线与亚端线之间杂生黑色鳞片,外缘毛灰色,密而短。后翅淡灰色,外缘和后缘镶有灰色缘毛。

卵:扁圆形,长0.50～0.65 mm,初期为淡黄白色,后渐变为淡黄色。

幼虫:共5～6龄。体长22～23 mm,体背黄色,腹面草绿色,头部黄色。胴部第2～11节每节生有毛瘤3对,其中第3腹节背面的1对较大,为蓝黑色,有光泽。其余各节毛瘤黄色,毛瘤上生有许多黄色长毛。腹足4对,第3腹节上缺腹足。

蛹:近椭圆形,长8～10 mm,初为黄色,渐变为淡褐色。茧与树皮同色。

[生物学特性]

每年发生3～5代,以老熟幼虫形态在树皮缝隙中或叶背处结茧、化蛹、越冬,次年气温回升到20 ℃时羽化。成虫多在傍晚羽化,雌蛾羽化后2～3 d将卵散产于嫩叶背面。卵期3～7 d,初龄幼虫群集于嫩叶正面取食叶肉,2龄后分散活动,食量渐增。幼虫期15～31 d,幼虫老熟后多在叶背主脉附近或树干近地面的荫蔽处结茧化蛹。蛹期

10~30 d,越冬时则多在树干基部结茧化蛹。

四、实验报告

(1)写出每种害虫的鉴别特征。
(2)写出每种害虫的为害症状。

五、思考题

(1)如何才能有效防治蚧类昆虫对植物的为害？
(2)为什么说抹芽控梢是防治柑橘潜叶蛾的重要措施？

参考文献：

[1]韦党扬,马骁,李兴忠,等.黔西南地区火龙果园桃蛀螟的发生及防治[J].中国果树,2011(6):74.

[2]冷德良,肖建强,王迪轩,等.桃蛀螟危害桃李的症状表现与防治要点[J].科学种养,2019(10):37-39.

[3]蔡平,包立军,相入丽,等.中国枇杷主要害虫生物学特性及综合防治[J].中国南方果树,2005,34(2):38-41.

[4]李大庆,夏忠敏,杨再学,等.余庆县枇杷病虫发生种类及危害情况调查研究[J].现代农业科技,2014(13):116-117.

[5]杨诚.白星花金龟生物学及其对玉米秸秆取食习性的研究[D].泰安:山东农业大学,2014.

[6]李文柱.中国观赏甲虫图鉴[M].北京:中国青年出版社,2017:80.

实验三
坚果类果树虫害

贵州省坚果类产业以核桃为主,目前核桃种植面积已达600万亩(1亩≈666.7 m²),是近年来贵州省重点发展的林果产业之一。自贵州省大力发展核桃产业以来,虫害成为限制该产业发展的重要问题。贵州核桃病虫害发生种类有26种,包括病害12种,虫害14种。其中,以核桃长足象为害最甚,曾导致遵义市播州区西坪镇等地核桃种植区受害严重,部分果园绝收。其次是云斑天牛。此外,核桃举肢蛾、核桃窄吉丁、银杏大蚕蛾等时有发生。

一、实验目的

能识别和初步诊断坚果类果树主要虫害的为害症状;会观察和分析坚果类果树害虫(螨)的为害特点;会绘制重要坚果类果树害虫(螨)的外观形态图。

二、实验器材

1.材料

坚果类果树(核桃等)主要害虫的浸渍标本、针插标本、生活史标本和为害症状标本,以及相关照片、挂图和多媒体课件等。

2.工具

体视显微镜、生物显微镜、放大镜、载玻片、盖玻片、解剖针、镊子、培养皿、双面刀片等。

三、内容与方法

1.核桃长足象 *Alcidodes juglans* Chao

属鞘翅目,象甲科。又名核桃果象甲。是核桃生产中为害最严重的害虫,分布于我国黄河中下游及云、贵、川、渝等核桃主产区。据报道,在贵州的水城、威宁、赫章、开阳、息烽、平坝、平塘、普安、贞丰、绥阳、播州等区县均有分布。主要为害核桃,包括清香核桃、山地核桃等品种。

[为害症状识别]

幼虫为害最严重,幼虫在核桃果内取食种仁,导致果实脱落,严重时导致绝收。成虫啃食嫩叶、芽、嫩梢及幼果皮,影响果树生长,导致减产,严重时果实受害率可达90%。(见插页图3-3-1)

[形态特征]

成虫:体长9~12 mm(不计喙管),宽3.7~4.8 mm,雌虫略大,体呈墨黑色,略带光泽,体表被暗棕色或淡棕色短毛;喙粗长,长3.4~5.0 mm,密布刻点,长于前胸,端部略粗而弯;触角位于喙1/2处(雄虫则位于喙管前端1/3处),呈膝状,11节,密布灰白色绒毛;复眼1对,黑色,近圆形,着生于头两侧;头和前胸相连处呈圆形;前胸背板呈三角形,密布瘤状突起;前胸宽大于长,近圆锥形,密布较大的小瘤突,小盾片近方形,具中纵沟;肩角突出,近方形;鞘翅基部宽于前胸,端部钝圆,各有刻点沟10~11条。

卵:圆形或椭圆形,长1.2~1.4 mm,宽0.8~1.0 mm,半透明,初产为乳白色,孵化前呈黄褐色或褐色。

幼虫:体长9~14 mm,蠕虫式,呈"C"状弯曲,体肥胖,白色或淡黄色,老熟幼虫呈黄褐色或褐色,头棕褐色。

蛹:离蛹,长8~14 mm,宽5 mm左右,头及身体为乳白色,逐渐变为土黄色或淡黄色,胸、腹部背面散生许多小刺,腹末具有1对褐色臀刺。(见插页图3-3-2)

[生物学特性]

每年发生1代,以成虫形态在枝条上越冬。新羽化成虫当年不产卵,蛀食果皮、混合芽,影响树势及来年开花结果情况。成虫喜爬行,不善飞翔,飞行距离7~25 m,有假死性。雌虫产卵前在果实阳面咬出2.4 mm×2.5 mm的孔,在孔内产卵后再用果屑封闭孔口。卵经过4~8 d孵化,初孵幼虫在原蛀食果内3~4 d后蛀入果核取食种仁,种仁逐渐腐烂变黑,引起落果,从产卵到落果经历20 d左右。幼虫在落果中继续取食2~5 d,然后作蛹室化蛹。

2. 云斑天牛 *Batocera horsfieldi* Hope

属鞘翅目,天牛科。国内分布于大多数省份,包括上海、江苏、广东、浙江、河北、陕西、安徽、江西、湖南、湖北、福建、广东、广西、台湾、四川、贵州、云南等地,国外分布于越南、印度、日本等地。主要为害栎、杨、桑、柳、核桃、白蜡、桉树、泡桐、枇杷、苦楝、悬铃木、柑橘、紫薇等树木。

[为害症状识别]

初孵幼虫蛀食韧皮部,使受害处变黑、树皮胀裂、流出树液,并向外排木屑和虫粪;20~30 d后渐蛀入木质部并向上蛀食,形成长约25 cm的虫道。成虫在树干上咬食、产卵为害。

[形态特征]

成虫:体长34~61 mm,宽9~15 mm。体黑褐色或灰褐色,密被灰褐色和灰白色绒毛。雄虫触角超过体长1/3,雌虫触角略比体长,各节下方生有稀疏细刺,第1~3节黑色具光泽,有刻点和瘤突,前胸背面有1对白色臀形斑,侧刺突大而尖锐,小盾片近半圆形。每个鞘翅上有白色或浅黄色绒毛组成的云状白色斑纹,2~3纵行末端白斑长形。鞘翅基部有大小不等颗粒。(见插页图3-3-3)

卵:长6~10 mm,宽3~4 mm,长椭圆形,稍弯,初产时乳白色,以后逐渐变黄白色。

幼虫:老龄幼虫体长70~80 mm,淡黄白色,体肥胖,多皱襞,前胸腹板主腹片近梯形,前中部生褐色短刚毛,其余部位密生黄褐色小刺突。

蛹:裸蛹,体长40~70 mm,淡黄白色。头部及胸部背面生有稀疏的棕色刚毛,腹部末端锥状。

[生物学特性]

我国发生不整齐,多数省份3年1代。成虫有趋光性,白天栖息在树干和大枝上,晚间活动取食,啃食嫩枝皮层和叶片,最大日取食量可达$100 cm^2$。多数以成虫形态在蛀道、蛹室内越冬,也有的以幼虫或蛹的形态越冬。越冬成虫翌年4月中旬羽化,5月为盛期。第1年以幼虫形态越冬,次年春季继续为害。每雌产卵约40粒,胸径10~20 cm的树干落卵较多,每株树上常有卵10~12粒,多者60余粒。卵期10~15 d,幼虫期12~14个月,成虫寿命约9个月。

3. 核桃扁叶甲 *Gastrolina depressa* Baly

属鞘翅目,叶甲科。又称核桃叶甲、金花虫。主要分布于甘肃南部、辽宁、四川、云南、贵州等地。为害枫杨、核桃、核桃楸等胡桃科植物。

[为害症状识别]

幼虫和成虫均能对寄主的叶片进行取食为害,有聚集为害习性,为害严重时使叶片仅残留叶脉,造成叶片焦枯,状如火烧,不仅会导致树势减弱,还有利于次生害虫的为害。(见插页图3-3-4)

[形态特征]

成虫:长椭圆形,扁平,体长5.0~8.3 mm,宽3~4 mm,雌虫略大于雄虫。初羽化时成虫体软,呈淡乳黄色。半天后,头、鞘翅变成蓝黑色。触角丝状,11节,不超过体长的1/2。前胸背板棕黄色,后缘角突出。鞘翅上密布纵向列的刻点。腹部可见5节,雌虫怀卵期腹部膨大,突出于鞘翅之外。

卵:长椭圆形,长1.0 mm,宽0.5 mm,初产时为浅黄色,后变为黑色,顶端稍尖。

幼虫:共3龄,初孵幼虫为淡黄色,很快变为灰黑色。幼虫背部两侧有瘤状突起,老熟幼虫以尾部粘于叶背或叶脉处化蛹。

蛹:离蛹,长6.0~7.6 mm,浅黑色,背部两侧有瘤状突起。(见插页图3-3-5)

[生物学特性]

每年一至多代,以成虫形态在树皮裂缝、石缝或地下的落叶层中越冬。次年随寄主植物发芽开始出蛰活动。越冬成虫通过取食补充营养后开始交尾产卵,为害高峰期幼虫和成虫共同为害寄主叶片。夏季遇高温,成虫有越夏行为。待高温时期过去后,成虫重新上树为害,补充营养达到性成熟后交尾产卵,幼虫和成虫在秋季再次形成为害高峰期,秋季末成虫开始下树越冬。

四、实验报告

(1)列出贵州省核桃生产中的主要害虫类型及其为害特点。

(2)根据实验观察或田间调查,列出常见蛀干害虫的类型及其为害特点。

五、思考题

(1)如何根据蛀干害虫的生物学习性来采取有效的防治措施?

(2)蛀果害虫的发生特点及防控关键是什么?

参考文献:

[1]邱强.果树病虫害诊断与防治彩色图谱[M].北京:中国农业科学技术出版社,2013.

第四章

粮食作物虫害

粮食作物是人类主要的食物来源，主要划分为三种类型：一是谷类作物（如小麦、水稻、玉米等），主要提供淀粉、植物蛋白、维生素等；二是薯类作物（如甘薯、马铃薯等），主要提供淀粉、维生素等；三是豆类作物（如大豆、蚕豆、豌豆、绿豆等），主要提供蛋白质、脂肪等。此外，很多种粮食作物也是牲畜精饲料的重要原料。故，粮食作物的需求量大，栽培面积大又相对集中，病虫害发生种类多、为害重，甚至有的迁飞性害虫易猖獗暴发。科学防控病虫害成为粮食作物产量和质量保障的重要环节。

实验一
水稻虫害

水稻是我国栽培历史悠久的农作物，我国水稻产量居世界首位，水稻在粮食生产中具有举足轻重的地位，关系着国计民生。近年来，由于受种植业结构调整、耕作栽培方式改变、气候变化等多种因素的影响，水稻病虫害呈加重发生的趋势，对水稻安全生产构成了严重威胁。

水稻虫害种类多，主要有褐飞虱、稻纵卷叶螟、二化螟、三化螟以及稻水象甲等。水稻虫害防治技术性强，识别和诊断水稻害虫的类型及其为害症状，了解其发生规律，对水稻虫害防治、保障农户收入、确保粮食安全均具有重要意义。

一、实验目的

学会识别不同类型水稻害虫的为害特征，了解水稻虫害发生存在的动态性、区域性等特点。

二、实验器材

1.材料

褐飞虱等水稻害虫的浸渍标本、针插标本、生活史标本、为害症状标本，相关照片、挂图及多媒体课件等。

2. 工具

体视显微镜、放大镜、载玻片、盖玻片、解剖针、镊子、培养皿等。

三、内容与方法

1. 褐飞虱 *Nilaparvata lugens* Stål

属半翅目，飞虱科。是我国农作物病虫害中发生范围最广、发生面积最大、暴发频率最高、造成损失最重的一类害虫。除直接取食水稻植株外，还传播多种水稻病毒，导致水稻死亡、稻田减产，是造成水稻产量损失的重要原因。褐飞虱已被农业农村部列入一类农作物病虫害名录。

[为害症状识别]

成虫和若虫以刺吸式口器穿刺水稻叶鞘并摄取韧皮部汁液，造成水稻养分输送受损，逐渐枯萎，严重时干枯死亡。多聚集在水稻分蘖基部取食（见插页图4-1-1）。虫口密度大时，被害稻田常常出现倒伏，被形象地称为"飞虱火烧"现象（见插页图4-1-2）。而且，其口针穿刺取食及产卵管穿刺，均在水稻叶鞘表面造成伤口，有利于多种病原生物侵入，如水稻矮缩病病毒等。

[形态特征]

成虫：有长翅和短翅两种形态。长翅型成虫体长3.5~4.5 mm，前翅伸出腹部，能飞翔，翅上有明显纹理；短翅型成虫前翅不伸出身体腹部，不能飞翔。头部及胸部具有隆起的脊；触角生长在黑褐色复眼下方；头部有口针（见插页图4-1-3）；前翅透明状，具有翅基。雌雄成虫的区别主要看腹部末端。雌虫腹部中央纵沟内有1个管状产卵器；雄虫腹部末端为开口状，有明显的阳茎生殖器官（见插页图4-1-4）。田间捕获的雄虫体色一般呈深色或黑色，较雌成虫色深。

卵：呈香蕉状，卵粒前端露出叶鞘，排列成整齐的一列。雌性成虫用产卵器刺入水稻叶鞘表面，有产卵痕，并将卵产于叶鞘表面组织中。

若虫：共5龄，形态特征与成虫相似，初期白色，随龄期增长逐渐变黑。

[生物学特性]

具有迁飞性，长翅型成虫可爬行、跳跃和飞行，在一定条件下随气流上升，借助风力作远距离迁徙。若虫和短翅型成虫的移动方式为爬行或跳跃。若虫羽化为成虫后,须经历一段时间才能产卵。短翅型群体中,雌虫比例较高,且属定居型。在水稻植株上很少能观察到短翅型的雄成虫。长、短翅型的分化受多基因控制,但环境因子如光照、温度、湿度、稻株营养状况、稻株生育期、若虫密度等因素均能影响翅型分化。

2. 稻纵卷叶螟 *Cnaphalocrocis medinalis* Guenée

属鳞翅目,螟蛾科。又称为刮青虫、白叶虫、苞叶虫。是我国为害最为严重的常发性水稻害虫之一,也是仅次于稻飞虱的第二大水稻害虫。具迁飞性,从东北地区至海南岛,各个稻区均有分布,尤其以华南、长江中下游稻区受害最为严重。主要为害水稻,有时也为害小麦、甘蔗、粟、禾本科杂草。

[为害症状识别]

以幼虫期为害为主。幼虫缀丝纵卷水稻叶片成虫苞,匿居其中取食叶肉,仅留表皮,形成白色纸状条斑,随后受损叶片干枯,致水稻千粒重降低,造成减产。严重时,田间花白一片。(见插页图4-1-5)

[形态特征]

成虫:体长7～9 mm,翅展12～18 mm。体、翅黄褐色,停息时两翅斜展在背部两侧。复眼黑色,触角丝状,黄白色。前翅近三角形,前缘暗褐色,翅面上有内、中、外三条暗褐色横线;后翅有内、外横线两条。腹部各节后缘有暗褐色及白色横线各一条,腹部末节有两个并列的白色直条斑。

卵:长约1 mm,近椭圆形,扁平,中部稍隆起,表面具细网纹,初白色,后渐变浅黄色。

幼虫:5～7龄,多数5龄。末龄幼虫体长15～20 mm;头褐色,体黄绿色至绿色,老熟时为橘红色;中、后胸背面具小黑圈8个,前排6个,后排2个。

蛹:长7～10 mm,圆筒形,末端尖削,具钩刺8个,初浅黄色,后变红棕色至褐色。

[生物学特性]

年发生代数因纬度和海拔所造成的气候、食料差异而异。一般在气候温暖、栽稻季节长、食料丰富时,各虫态历期短,可发生9～11代,少的仅发生1～3代,世代重叠。在南方以幼虫和蛹的形态越冬,在北方不能越冬。成虫将卵散产于寄主叶片上,产卵期为3～4 d,卵期3～6 d,幼虫期15～26 d。在华南地区第1代幼虫于4月中下旬进入盛期,幼虫在枯叶鞘内侧化蛹,蛹期5～8 d,成虫寿命4～17 d。

3.二化螟 *Chilo suppressalis* Walker

属鳞翅目,螟蛾科。又称为蛀心虫、蛀秆虫。是我国水稻上为害最为严重的常发性害虫之一。国内各稻区均有分布,较三化螟和大螟分布广,以长江流域及其以南稻区发生较为严重,近年来发生数量呈明显上升的态势。除为害水稻外,还能为害茭白、玉米、高粱、甘蔗、油菜、蚕豆、麦类,以及芦苇、稗、李氏禾等杂草。

[为害症状识别]

幼虫蛀食水稻茎部,为害分蘖期水稻,造成枯鞘和枯心苗;为害孕穗、抽穗期水稻,造成枯孕穗和白穗;为害灌浆、乳熟期水稻,造成半枯穗和虫伤株。为害株在田间呈聚集分布,中心明显。

[形态特征]

成虫:雌虫体色比雄虫稍淡,雄虫翅展约20 mm,雌虫翅展25～28 mm。头部淡灰褐色,额白色至烟色,圆形,顶端尖。胸部和翅基片白色至灰白,并带褐色。前翅黄褐至暗褐色,中室先端有紫黑色斑点,中室下方有3个斑点排成斜线,前翅外缘有7个黑点;后翅白色,近翅外缘稍带褐色。

卵:扁椭圆形,卵块由十余粒至百余粒卵组成,排列成鱼鳞状,初产时乳白色,将孵化时灰黑色。

幼虫:老熟时长20～30 mm,体背有5条褐色纵线,腹面灰白色。

蛹:长10～13 mm,淡棕色,前期背面尚可见5条褐色纵线,中间三条较明显,后期逐渐模糊,足伸至翅芽末端。

[生物学特性]

成虫夜晚活动,有较强趋光性,卵块产,主要产在靠近叶鞘的叶背基部,或叶正面近叶尖处。产卵时对植株具有选择性,喜产在叶色浓绿、高大、粗壮的植株上,以水稻着卵量最大,在玉米、高粱、谷子、小麦、稗草上着卵量较少。蚁螟孵化后先群集于叶鞘内取食,2龄后开始分散蛀茎,老熟后在稻茎基部或茎与叶鞘之间化蛹。幼虫耐水淹且有转株为害习性。

4. 三化螟 *Scirpophaga incertulas* Walker

属鳞翅目,螟蛾科。又称为钻心虫,是亚洲热带至温带南部的重要水稻害虫。国外分布于南亚次大陆、东南亚和日本南部。国内广泛分布于长江流域以南稻区,特别是沿江、沿海平原地区受害严重。

[为害症状识别]

食性单一,专食水稻,以幼虫蛀茎为害,分蘖期形成枯心,孕穗至抽穗期形成枯孕穗和白穗,转株为害形成虫伤株。初孵幼虫称蚁螟,从孵化到钻入稻茎内需30~50 min。被害稻株上多为1株1头幼虫,每头幼虫多转株1~3次,以3、4龄幼虫为盛。枯心苗及白穗是其为害后稻株主要症状。水稻分蘖期、孕穗末期—露出稻穗期,蚁螟易侵入,是水稻受螟害的"危险生育时期"。

[形态特征]

成虫:体长9~13 mm,翅展23~28 mm。雌蛾前翅近三角形,淡黄白色,翅中央有一明显黑点,腹部末端有一丛黄褐色绒毛;雄蛾前翅淡灰褐色,翅中央有一较小的黑点,由翅顶角斜向中央有一条暗褐色斜纹。

卵:长椭圆形,密集成块,每块几十至一百多粒,卵块上覆盖着褐色绒毛,像半粒发霉的大豆。

幼虫:共4~5龄。初孵时灰黑色,胸腹部交接处有一白色环。老熟时长14~21 mm,头淡黄褐色,身体淡黄绿色或黄白色,从3龄起,背中线清晰可见。腹足较退化。

蛹:黄绿色,羽化前呈金黄色(雌)或银灰色(雄),雄蛹后足伸达第七腹节或稍超过,雌蛹后足伸达第六腹节。

[生物学特性]

江浙一带每年发生3代,广东等地可发生5代,安徽每年发生3~4代。以老熟幼虫形态在稻桩内越冬,春季气温达16 ℃时,化蛹羽化飞往稻田产卵。各代幼虫发生期和为害情况大致为:第一代在6月上中旬发生,为害早稻和早中稻造成枯心;第二代在7月份发生,为害单季晚稻和迟中稻造成枯心,为害早稻和早中稻造成白穗;第三代在8月上中旬至9月上旬发生,为害双季晚稻造成枯心,为害迟中稻和单季晚稻造成白穗;第四代在9—10月发生,为害双季晚稻造成白穗。成虫喜夜晚活动,趋光性较强。

雌蛾产卵具有趋嫩绿性,分蘖期或孕穗期的水稻上,或施氮肥多、长相嫩绿的稻田中,卵块密度高。

5. 稻苞虫 *Parnara guttata* Bremer & Grey

属鳞翅目,弄蝶科。又称稻弄蝶、苞叶虫,是水稻主要害虫之一。20世纪90年代各稻区普遍发生,近年来发生呈加重趋势。水稻受稻苞虫为害后,叶片残缺、植株矮小、稻穗变短、稻谷灌浆不充分、千粒重降低,严重影响水稻产量,一般发生年份减产10%~20%,大发生年份减产50%以上。也为害多种禾本科杂草。

[为害症状识别]

幼虫吐丝缀叶成苞并蚕食,轻则造成缺刻,重则吃光叶片。严重时,可将成片稻田的稻叶吃光。早期为害造成白穗,晚期为害大量吞噬绿叶,造成绿叶面积锐减,稻谷灌浆不充分,严重减产。还会导致患稻粒黑粉病的稻株增加,直接影响稻米质量,造成经济损失和食品安全风险。

[形态特征]

成虫:体长16~20 mm,翅展36~40 mm,体及翅均为黑褐色且有金黄色光泽。前翅有7~8枚排成半环状的白斑,后翅有4个白斑,呈一字形排列。(见插页图4-1-6)

卵:半圆球形,长约1 mm,顶端平,中间稍下凹,表面有六边形刻纹。散产在稻叶上。初产时淡绿色,后变褐色,近孵化时为紫黑色。

幼虫:共5龄。头大,正面有黑褐色"W"形纹;体两端较细,中间较粗大,似纺锤形。老熟幼虫体长30~40 mm。腹部两侧有白色粉状分泌物。(见插页图4-1-6)

蛹:近圆筒形,体表常有白粉,外有白色薄茧;茧两端紧密,呈纺锤形。

[生物学特性]

老熟幼虫在田边、塘边等处的芦苇等杂草间,以及茭白、稻茬和再生稻上结苞越冬,越冬场所分散。成虫夜伏昼出,喜在芝麻、南瓜、棉花、千日红等植物上吸食花蜜,故可根据这些植物上的成虫数量预测下代幼虫发生程度。卵散产,以叶背近中脉处居多,在稻株叶色浓绿、生长茂盛的分蘖期稻田里产卵量大。幼虫4龄后食量大增,取食量为一生的93%以上,故应在3龄盛期前防治。该虫常间歇性猖獗发生,大发生气候条件是温度24~30 ℃,相对湿度75%以上。

6.稻水象甲 *Lissorhoptrus oryzophilus* Kuschel

属鞘翅目,象甲科。又称稻水象、稻根象。是在我国为害较严重的外来入侵物种之一,被列入《中华人民共和国进境植物检疫性有害生物名录》。原产北美洲,1988年首次在国内(唐山市唐海县)发现,现已在全国多个省份相继发生,除青海、西藏等地区外都可能有分布。成虫杂食性,寄主范围广,多达10科64种植物,但主要以禾本科、莎草科植物为主,其中,水稻、玉米及高粱受害最为严重。

[为害症状识别]

成虫蚕食叶片(见插页图4-1-7),幼虫为害水稻根部。为害秧苗时,可将稻秧根部吃光。

[形态特征]

成虫:长2.6~3.8 mm;喙与前胸背板几等长,稍弯,扁圆筒形;前胸背板宽;鞘翅侧缘平行,比前胸背板宽,肩斜,鞘翅端半部行间上有瘤突;雌虫后足胫节有前锐突和锐突,锐突长而尖,雄虫仅具短粗的两叉形锐突。(见插页图4-1-7)

卵:圆柱形,两端圆。

幼虫:老熟幼虫体呈新月形,长约10 mm,白色,头部褐色;腹部2~7节背面有成对向前伸的钩状呼吸管,气门位于管中;无足。

蛹:长约3 mm,白色,大小、形状近似成虫,在似绿豆形的土茧内。

[生物学特性]

半水生昆虫,成虫在地面枯草上越冬,3月下旬交配产卵;卵多产于浸水的叶鞘内;初孵幼虫仅在叶鞘内取食,后进入根部取食;羽化成虫从根部蛹室爬出,取食稻叶或杂草的叶片。成虫平均寿命76 d,雌虫寿命更长,可达156 d。

四、实验报告

(1)绘制褐飞虱两种翅型成虫的形态特征图。

(2)对比观察并列出二化螟、三化螟和稻纵卷叶螟三种昆虫的主要形态特征及其对水稻的为害症状。

五、思考题

(1) 褐飞虱有几种翅型？在什么情况下翅型会发生分化？

(2) 稻纵卷叶螟的为害程度与水稻叶片的哪些性状有关？

(3) 试述稻水象甲的为害特性及其重要防治方法。

实验二
玉米虫害

我国是第二大玉米生产国,玉米产量占世界的20%左右。玉米在我国的播种面积已超过水稻,跃居粮食作物第一位。玉米虫害不仅种类多,而且严重影响玉米的产量和品质。随着种植制度改革、种植面积加大、栽培品种更换,以及全球气候变化等,玉米虫害日趋严重,给玉米安全生产造成严重威胁。目前我国有记载的玉米害虫有265种。主要害虫种类有玉米螟、玉米蚜、双斑萤叶甲、草地螟、黏虫、玉米旋心虫、蛀茎夜蛾、旋幽夜蛾等。

一、实验目的

能识别和初步诊断玉米主要虫害的为害症状;会观察和分析重要植食性昆虫(螨类)为害玉米的特点;会绘制重要玉米害虫的外观形态图。

二、实验器材

1. 材料

玉米主要害虫的新鲜样本、浸渍标本、针插标本、生活史标本、为害症状标本,相关照片、挂图及多媒体课件等。

2. 工具

体视显微镜、放大镜、载玻片、盖玻片、解剖针、镊子、培养皿等。

三、内容与方法

1. 亚洲玉米螟 *Ostrinia furnacalis* Guenée

属鳞翅目,草螟科。俗称玉米钻心虫。是世界范围内玉米上的主要害虫,每年给全球玉米造成巨大损失,也是造成中国玉米减产的第一大害虫。玉米螟在世界范围内主要分为亚洲玉米螟 *O. furnacalis* 和欧洲玉米螟 *O. nubilalis*。亚洲玉米螟主要分布在亚洲东部和南部、澳大利亚和西太平洋的一些岛屿上,欧洲玉米螟主要分布于欧洲、北非、西亚、中亚和北美洲。中国是目前世界上已知的唯一同时分布有这两种玉米螟的国家,其中亚洲玉米螟在中国广泛分布且为绝对优势种,欧洲玉米螟目前已知仅分布于新疆的伊犁河谷地区。除为害玉米外,还为害高粱、棉花、甘蔗、大麻、向日葵、水稻、甜菜、豆类等作物。

[为害症状识别]

幼虫取食为害玉米植株各个地上部位,使受害部分丧失功能,产量降低。在玉米心叶期,初孵幼虫大多爬入心叶内,群聚取食心叶叶肉,留下白色薄膜状表皮,呈花叶状;2、3龄幼虫大多爬入心叶内潜藏为害,心叶展开后,出现整齐排孔;此后,陆续蛀入茎秆继续为害,蛀孔口常堆有大量粪渣。雄穗被蛀,常易折断,影响授粉;苞叶、花丝被蛀食,会造成缺粒和秕粒;茎秆、穗柄、穗轴被蛀食后,形成隧道,破坏植株内水分、养分的输送,使茎秆倒折率提高,籽粒产量下降。初孵幼虫可吐丝下垂,随风飘移扩散到邻近植株上。

[形态特征]

成虫:雄蛾体长10～13 mm,翅展20～30 mm,触角丝状,身体和前翅黄褐色,有两条褐色波状横纹,两纹间有两个黄褐色斑,后翅灰白色或灰褐色。雌、雄蛾形态相似,但雌蛾体色较浅,前翅鲜黄。

卵:扁平,椭圆形,长约1 mm,宽约0.8 mm。初产时乳白色,渐变淡黄,20～60粒呈鱼鳞状排列成卵块。

幼虫:共5龄,初孵化时头部多为黑褐色,虫体呈半透明状,之后颜色逐渐变深。老熟幼虫长约25 mm,背面淡红褐色,腹面乳白色,背线明显,两侧有较模糊的暗褐色亚背线。

蛹:被蛹,长15～18 mm,黄褐色,长纺锤形,腹部第1～7节背面有横皱纹。

[生物学特性]

每年发生4～5代。以老熟幼虫形态越冬,世代重叠。越冬个体次年4月下旬开始化蛹,越冬代成虫于5月上旬开始羽化,羽化后1～2 d即可交尾,羽化成虫于5月上旬末开始产卵,第1代幼虫5月中旬开始孵化。初龄幼虫孵化后先群集取食卵壳,受惊可吐丝下垂,移到其他部位或植株上;4龄后蛀入茎秆内形成孔道,茎秆外留下一个小孔,幼虫老熟后吐一层薄丝作茧,于被害部位化蛹。

2. 黏虫 *Mythimna separata* Walker

属鳞翅目,夜蛾科。又称剃枝虫、行军虫、夜盗虫、五色虫等。在中国除新疆未见报道外,遍布各地。寄主广泛,包括麦、稻、粟、玉米等禾谷类粮食作物及棉花、蔬菜等16科104种以上植物。

[为害症状识别]

主要以幼虫咬食叶片为害(见插页图4-2-1)。严重时,将玉米叶片吃光,只剩叶脉,造成严重减产,甚至绝收。

[形态特征]

成虫:体长15～17 mm,淡灰褐色或黄褐色,雄蛾色较深。前翅有两个土黄色圆斑,外侧圆斑的下方有一小白点,白点两侧各有一小黑点,翅顶角有一条深褐色斜纹。

卵:馒头形,稍带光泽,初产时白色,颜色逐渐加深,将近孵化时呈黑色。

幼虫:幼虫头顶有八字形黑纹,头部褐色、黄褐色至红褐色,身上有五条背线,腹足外侧有黑褐纹,气门上有明显的白线。

蛹:长19～23 mm,红褐色,腹末有尾刺3对,中央1对粗大。

[生物学特性]

具有群聚性、迁飞性、杂食性、暴食性。每年发生世代数因地区而异,华北中南部3～4代,华南6～8代。6月中旬至7月上旬为第2代黏虫幼虫盛发期,以为害春玉米为主;7月下旬至8月中旬为第3代黏虫幼虫集中发生期,以为害夏玉米为主。初孵幼虫有群集性,1～2龄幼虫食量很小,啃食叶肉,只留表皮,造成半透明的小条斑;3龄后食量大增,幼虫为害叶片后出现不规则的缺刻;5～6龄幼虫进入暴食阶段。

3. 劳氏黏虫 *Leucania loreyi* Duponchel

属鳞翅目,夜蛾科。又称为奸蚄、天马。分布在广东、福建、四川、江西、湖南、湖北、浙江、江苏、山东、河南等地。其幼虫食性很杂,尤其喜食禾本科植物,主要为害苏丹草、羊草、披碱草、黑麦草、冰草、狗尾草等牧草,以及玉米、麦类、水稻等作物。

[为害症状识别]

主要以幼虫咬食叶片为害(见插页图4-2-2)。1~2龄幼虫仅食叶肉,形成小圆孔,3龄后形成缺刻,5~6龄达暴食期。严重时将叶片吃光,使植株形成光秆。

[形态特征]

成虫:体长14~17 mm,翅展30~36 mm,灰褐色,前翅从基部中央到翅长约2/3处有一暗黑色带状纹,中室下角有一明显的小白斑。肾状纹及环状纹均不明显。腹部腹面两侧各有1条纵行黑褐色带状纹。

卵:馒头形,直径0.6 mm左右,淡黄白色,表面具不规则的网状纹。

幼虫:一般6龄,长17~27 mm,体色变化较大,一般为绿色至黄褐色,体具黑白褐等色的纵线5条。头部黄褐至棕褐色。

蛹:尾端有1对向外弯曲分叉的毛刺,其两侧各有一细小弯曲的小刺,小刺基部不明显膨大。

[生物学特性]

在广东一年发生6~7代,在福建、江西等省份一年发生4~5代。成虫对酸甜物质有较强趋性,羽化后补充营养并于适宜温湿度条件下正常交配、产卵。喜在叶鞘内、叶面上产卵,并分泌黏液,将叶片与卵粒粘卷起来;产卵量受环境条件影响较大。幼虫有假死性;白天潜伏草丛中,晚上活动为害;老熟幼虫常在草丛中、土块下等处化蛹。

4. 草地贪夜蛾 *Spodoptera frugiperda* J. E. Smith

属鳞翅目,夜蛾科。又称秋黏虫。分布于美洲热带、亚热带地区。是一种杂食性害虫,寄主范围特别广泛,主要取食玉米、棉花、高粱、水稻,还有大麦、荞麦、燕麦、粟、花生、甜菜、大豆、烟草、番茄、马铃薯、洋葱、小麦等。

[为害症状识别]

幼虫取食叶片可造成落叶,可切断种苗和幼小植株的茎,幼虫可钻入孕穗植株的穗中,影响叶片和果穗的正常发育,还可取食番茄等植物的花蕾和生长点,蛀果为害。取食为害玉米叶片后会形成半透明薄膜"窗孔",4~6龄幼虫取食叶片后形成不规则长形孔洞,严重时可将整株叶片食光,造成玉米生长点死亡(见插页图4-2-3)。种群数量大时,幼虫如行军状,成群扩散。

[形态特征]

成虫:体长15~20 mm,翅展32~40 mm。雄蛾前翅灰棕色,翅面上有淡黄色的椭圆形环形斑,环形斑下角有一个白色楔形纹,翅外缘有一明显的近三角形白斑。雌虫前翅为黑褐色或灰色和棕色的杂色,无明显斑纹。雄蛾和雌蛾后翅均为银白色,有闪光,边缘有窄褐色带。

卵:圆形,直径约0.4 mm,呈浅绿色,孵化前逐渐变为棕色,表面覆盖浅灰色绒毛。

幼虫:共6龄,1龄幼虫体长1.7 mm左右,高龄幼虫体长30~36 mm,体色多变,一般为黄绿色至暗灰色。头部有白色或浅黄色倒"Y"形纹,腹节每节背面有4个长有刚毛的黑色或黑褐色斑点。第8、第9腹节背面的斑点显著大于其他各节斑点,第8腹节4个斑点呈正方形排列。

蛹:长椭圆形,长14~18 mm,初化蛹时为淡绿色,逐渐变为红棕色至黑褐色。腹部末端有短而粗的臀棘,其上着生刺1对,两根刺基部分开,呈八字形。(见插页图4-2-3)

[生物学特性]

每年可发生6~8代,一般以老熟幼虫或蛹的形态越冬。成虫具有夜行性,其迁飞、交配及产卵都在夜间发生。迁飞能力强。雌成虫寿命7~21 d,可多次交配,将卵产于寄主叶背或茎叶交界处,一般可产1 500~2 000粒卵。幼虫一般在夜间取食,喜食植物幼嫩组织,在土壤深处结茧化蛹。

5.甜菜夜蛾 *Spodoptera exigua* Hübner

属鳞翅目,夜蛾科。又称夜盗蛾、菜褐夜蛾、玉米夜蛾。国内分布广泛,各地均有发生,以黄河流域以南地区发生偏重。杂食性害虫,主要为害玉米、甘蓝、白菜、棉花、大豆、番茄、青椒、马铃薯等170余种植物。

[为害症状识别]

以幼虫为害为主,初孵幼虫群集于叶背处,吐丝结网,在其内取食叶肉,形成烂窗纸状;3龄后可将叶片吃成孔洞或缺刻状,钻蛀青椒、番茄的果实,造成落果、烂果。

[形态特征]

成虫:体长10~14 mm,翅展25~30 mm,虫体和前翅灰褐色,前翅外缘线由1列黑色三角形小斑组成,肾形纹与环形纹均黄褐色。

卵:馒头形,初产时无色,孵化前转为浅灰色,并出现1个小黑点。卵粒聚集成块状,卵块上覆盖有灰白色鳞毛。

幼虫:体色多变,一般为绿色或暗绿色,气门下线黄白色,两侧有黄白色纵带纹,有时带粉红色,各气门后上方有1个显著白色斑纹,腹足4对。

蛹:长18 mm,初化蛹时淡褐色,以后逐渐变为深褐色。

[生物学特性]

一般每年发生4～5代,世代重叠。主要以蛹的形态在土壤中越冬,在华南地区无越冬现象,可终年繁殖为害,7—9月是该虫为害盛期。成虫昼伏夜出,多在下午羽化,雌蛾羽化后数小时即可交配,2 d后开始产卵。幼虫在盛发期,第1代5月上中旬为害蔬菜,第2代6月中下旬为害芝麻、棉花,第3代7月下旬至8月上旬为害棉花、辣椒,第4代8月中下旬为害棉花、蔬菜、山芋,第5代9月下旬至10月上旬为害蔬菜、油菜苗。老熟幼虫入土化蛹。

四、实验报告

(1)简述亚洲玉米螟成虫和幼虫的形态特征,以及对玉米的为害症状。

(2)绘制黏虫成虫和幼虫的形态特征图。

五、思考题

(1)试分析具有迁飞习性的昆虫对玉米等作物的为害性。

(2)甜菜夜蛾对作物的为害程度与哪些因素有关?

参考文献:

[1]郭井菲,何康来,王振营.草地贪夜蛾的生物学特性、发展趋势及防控对策[J].应用昆虫学报,2019,56(3):361-369.

[2]冯波,郭前爽,王浩杰,等.草地贪夜蛾的准确鉴定[J].应用昆虫学报,2020,57(4):877-888.

[3]袁梓涵,王小武,丁新华,等.亚洲玉米螟越冬后幼虫致病细菌——黏质沙雷氏菌的分离鉴定及杀虫活性评价[J/OL].中国生物防治学报,2024[2024-02-26].https://doi.org/10.16409/j.cnki.2095-039x.2024.01.002.

第五章

重要经济作物虫害

贵州的茶、烟草和中药材等重要经济作物是中国优质农产品的代表,也是推动地方经济发展的重要生物资源。随着市场需求增加,茶、烟草和中药材的种植生产规模也日益加大,田间栽培管理是保障其品质和产量的重要环节。了解茶、烟草和中药材种植区域的常见病虫害种类及发生规律,有助于提高栽培管理效率和进行有害生物综合防控。

实验一
茶树虫害

贵州是我国茶树原产区之一。茶园多分布在海拔高、云雾多、日照少、降水充沛、昼夜温差大的坡地丘陵处,有利于茶树病虫害的发生。其中,茶树虫害不仅种类多,而且影响茶叶的产量和品质,还会制约茶叶加工业的发展。目前已有记载的茶树害虫全国有千余种,贵州有230余种,其中茶小绿叶蝉、茶棍蓟马、茶毛虫、茶黑毒蛾、黑刺粉虱、绿盲蝽、茶蚜、茶脊冠网蝽、毛股沟臀肖叶甲、茶牡蛎蚧和茶椰圆蚧对茶叶生产影响较大。

一、实验目的

能识别和初步诊断茶树主要虫害的为害症状;会观察和分析重要植食性昆虫(螨类)为害茶树的特点;会绘制主要茶树害虫的外观形态图。

二、实验器材

1. 材料

茶树主要害虫的浸渍标本、针插标本、生活史标本、为害症状标本,相关照片、挂图及多媒体课件等。

2. 工具

体视显微镜、生物显微镜、放大镜、载玻片、盖玻片、解剖针、镊子、培养皿、双面刀片等。

三、内容与方法

1. 茶小绿叶蝉 *Empoasca pirisuga* Matumura

属半翅目,叶蝉科。俗称浮尘子、叶跳虫等。国内在各茶区有分布,国外在日本也有分布。除为害茶树外,还为害花生、大豆、麦、棉、桑、烟、十字花科蔬菜、果树、药用植物等。

[为害症状识别]

成虫、若虫刺吸茶树新梢汁液,造成初期失水,逐渐叶脉变红,边缘枯焦,最后脱落。(见插页图5-1-1)

[形态特征]

成虫:体长3.1~3.8 mm,淡绿至淡黄绿色。头冠中央有2个绿色点,头前缘有2个绿色晕圈(假单眼),复眼灰褐色。小盾片有纵纹,横刻平直。前翅淡黄绿色,前缘基部绿色,翅端透明,微烟褐色。第3端室长三角形,前后两端脉发自一点。各足胫端及跗节绿色。(见插页图5-1-2)

卵:新月形,长约0.8 mm,乳白渐转淡绿色,孵化前透见两红色眼点。

若虫:共5龄。1龄若虫体长0.8~0.9 mm,体色乳白,复眼红色突出,触角细长,体疏覆细毛;2龄若虫体长0.9~1.1 mm,体色淡黄,分节明显,复眼转灰白(直至5龄);3龄若虫体长1.2~1.8 mm,体色淡绿,腹部明显增大,翅芽开始显露;4龄若虫体长1.9~2.0 mm,体色淡绿,翅芽明显可见;5龄若虫体长2.0~2.2 mm,体色黄绿至草绿,翅芽伸达第五腹节,第四腹节膨大。(见插页图5-1-2)

[生物学特性]

在贵州每年发生9~11代,食性杂,主要为害夏、秋茶。发生适温为17~28 ℃,且在时晴时雨、温暖湿润的气候条件下易发生。越冬成虫3月中、下旬经补充营养后即开始产卵。第一代若虫出现在4月中旬至5月上旬,双峰型。第一虫口高峰在6月中旬至7月上旬,第二虫口高峰在8月下旬至10月上旬。

2. 茶棍蓟马 *Dendrothrips minowai* Priesner

属缨翅目,蓟马科。我国主要分布在广东、福建、贵州、重庆、江西等南方茶区。除为害茶树外,还为害山茶、小叶胭脂、鹤虱等植物。

[为害症状识别]

成虫、若虫锉吸茶树新梢汁液,造成初期失水,叶片逐渐变膜质、褐色、皱缩,后期脱落。(见插页图5-1-3)

[形态特征]

成虫:雌虫体长0.8~1.1 mm,长为宽的3~4倍,近黑褐色,头、复眼黑褐色,触角8节,3~4节各有一角状感觉锥,第6节感觉锥芒状且长于触角末节。前胸与头等长,前胸背板鬃毛不明显。翅窄长微弯,后缘平直,前翅浅黑色,翅中央靠基部一段有一白色透明带,左右翅合并为一明显白点,前缘缘毛短而稀。腹部共10节,黑褐色,两侧色较深,中央色浅,合拢时背中可见一黄白点。(见插页图5-1-3)

卵:长椭圆形,乳白色,半透明。

若虫:1龄若虫半透明乳白色;2龄若虫体扁肥,体色由浅黄向橙红色过渡,复眼黑红色;3龄若虫(预蛹)体偏短,橙红色,复眼大,前缘具半月形的红色晕,单眼开始出现,触角紧贴在头背面,向头部弯曲,前后翅芽达第2、第3腹节前端;4龄若虫(蛹)体橙红色,翅芽渐长,腹部节间明显,第3~8腹节两侧呈锯齿状,腹部末端有明显的端鬃4根。(见插页图5-1-3)

[生物学特性]

每年发生多代,世代重叠。一般5—6月完成一代需18~25 d,10—11月完成一代需35~40 d。成虫、若虫具趋嫩性,喜在嫩叶叶面上活动和取食,阳光强烈时栖息在茶树中、下层荫蔽处或芽缝内,多把卵产在叶片表皮下叶肉内,每雌产卵约30粒,大部分产在芽下第一片叶上,卵期5~7 d。成虫羽化、交配及产卵以上午8—10时最盛,若虫多在黄昏前后或上午8—9时孵化。初孵若虫有群集性,不大活跃,每叶上有虫十多头至数十头。若虫进入3龄后不再取食,沿枝干下爬至土表枯叶下、茶蓬内层虫苞中化蛹。成虫寿命7~10 d。

3. 茶毛虫 *Euproctis pseudoconspersa* Strand

属鳞翅目,毒蛾科。又称为茶黄毒蛾。我国各产茶省份均有分布,是中国茶区的重要害虫之一,为害茶、山茶、油茶、柑橘、梨、乌桕和油桐等植物。

[为害症状识别]

初孵幼虫食量不大,但数量较多,常聚集于茶树叶背处取食叶肉,使叶片呈现半透明状;3龄幼虫开始取食叶片叶缘,造成缺刻;4龄以上的老熟幼虫常常十来头聚集在一起,自下而上取食茶树叶片,严重时将整棵茶树叶片全部吃光。(见插页图5-1-4)

[形态特征]

成虫:雌蛾体长8~13 mm,翅展26~35 mm,体黄褐色;前翅淡橙黄或黄褐色,前翅内、外横线黄白色,顶角黄色区内有2个黑点;后翅浅黄色或浅褐黄色,腹末具黄色毛丛。雄蛾体长6~10 mm,翅展20~28 mm,体褐至深茶褐色,翅的颜色有季节性的变化。雄蛾体形较雌蛾瘦小。(见插页图5-1-4)

卵:直径约0.8 mm,扁球形,黄白色,数十粒至百余粒堆积成椭圆形卵块,上覆有雌蛾腹末脱下的黄褐色绒毛,卵块多产于老叶背面。(见插页图5-1-4)

幼虫:共6~7龄。1龄体长1.8~2.5 mm,头深褐色,体淡黄色,体表密生黄白色细毛;2龄体长2.5~3.9 mm,头黄褐色,体黄色,前胸气门上线呈黑色毛疣状;3龄体长4.0~6.5 mm,头黄褐色,体深黄色;4龄体长6.5~10.0 mm,头黄褐色,体深黄色;5龄体长10~16 mm,头黄褐色,体深黄色;6龄体长14~18 mm,头黄褐色,体黄褐色;7龄体长16~28 mm,头黄褐色,体黄褐色。(见插页图5-1-4)

蛹:长8~12 mm,黄褐至浅咖啡色,稀覆黄色短毛。翅芽伸达第4腹节后缘,臀翅长,有1束沟刺。茧丝薄,长12~14 mm,黄棕色,多附有黄褐色毛。

[生物学特性]

年发生代数因气候而异。温暖多雨,适宜生长繁殖;高温干旱,久晴不雨,均不宜其繁殖。贵州每年发生2代。成虫有趋光性,成虫羽化次日即可产卵(50~300粒/雌),喜产于中、下部老叶背面或树干上,呈块状,卵块上覆黄色绒毛。以卵在树冠中下层枝条叶背处越冬。当春季气温升至14 ℃时虫卵开始孵化,第1、第2代幼虫期分别在4月上中旬、7月上中旬至8月上中旬。幼虫喜群集取食为害。老熟幼虫在茶树根际周围土壤中化蛹。

4.茶黑毒蛾 *Dasychira baibarana* Matsumura

属鳞翅目,毒蛾科。又名茶茸毒蛾。分布于长江流域以南,北至湖北、安徽,南至两广、海南,西至云贵,东至浙江、福建、台湾等省份。为害茶和油茶。

[为害症状识别]

幼虫咬食茶叶,严重时叶片无存,且剥食树皮。初孵幼虫迁至植株中下部老叶叶背处取食叶肉,形成黄褐色网膜枯斑;2龄幼虫食叶造成缺刻孔洞;3龄开始逐渐分散,食叶仅留叶脉;4龄开始食尽全叶(见插页图5-1-5)。5~6龄幼虫食叶量占总食叶量80%以上。

[形态特征]

成虫:体长13~18 mm,翅展28~38 mm,体翅暗褐至栗黑色。前翅基部较暗,中部铅灰色,顶角斜列有3~4个暗色楔形纵斑,翅中前方有1灰黄白色大圆斑,臀角有1黑褐色斑,外横线暗褐色波状。后翅灰褐无纹。后胸至第3腹节有黑色毛丛。(见插页图5-1-6)

卵:球形,长0.8~0.9 mm,顶凹陷,灰白色。卵块含数十粒卵,单层裸露于叶背上。

幼虫:共5~6龄。头棕色,体黑褐,各节背面有毛疣且簇生多个黑、白细毛丛,第1~4腹节背面各有1对棕黄色刷状毛束耸立,毛密且齐,第5腹节背面有1对短稀的白色毛束。前、中胸及腹末细毛簇特长,并各有1对白色长毛,分别向前后斜伸。体背中、背侧有细红纵线。(见插页图5-1-6)

蛹:体长13~15 mm,黄褐至棕黑色,有光泽,多黄白、棕色短毛,臀棘乳头状突出。丝茧椭圆松软,灰黄至棕褐色。

[生物学特性]

贵州每年发生4代,以卵块在茶丛中下部老叶叶背上越冬。幼虫发生期4月中旬至5月下旬、6月中旬至7月中旬、7月下旬至9月上旬、9月上旬至10月中旬。成虫多于黄昏及晚间羽化,日伏夜出,趋光性强,但以雄蛾扑灯为多。雌蛾羽化常迟于雄蛾2~3 d,羽化当晚或次日交尾,交尾后次日产卵,卵块产于茶丛中下部叶背、枝条上,一般每雌产卵50~200粒。如遇低温则常产于杂草、落叶上。

5. 黑刺粉虱 *Aleurocanthus spiniferus* Quaintance

属半翅目,粉虱科。也叫橘刺粉虱。在世界范围内均有发生。国外分布于印度、印度尼西亚、日本、菲律宾、美国、墨西哥、毛里求斯以及东非和南非的部分国家;在国内北到山东,南到台湾等省份均有发生,已经成为我国茶园的主要害虫。是我国茶园中发生普遍、为害严重的粉虱种类之一。除茶树外,还为害油茶、山茶、柑橘、梨、桃、苹果、山楂、葡萄、枇杷、柿、海棠、木瓜、芒果、荔枝、花椒、白杨、樟、榆、柞、金银木、棕榈等多种植物。

[为害症状识别]

成虫和若虫聚集在茶树中下部成叶和老叶背面刺吸为害,并诱发烟煤病,使茶树养分丧失,光合作用受阻,树势衰弱,芽叶稀瘦,以致枝叶枯萎。(见插页图5-1-7)

[形态特征]

成虫:体长0.88~1.36 mm,翅展2.02~3.43 mm。头、背黑色,复眼红色肾形,触角淡黄色(见插页图5-1-8)。体橙黄色,胸背有黑斑,腹末黑色。前翅紫褐色,上有白粉,翅缘有7块白斑。后翅淡褐色,无斑纹。雌虫腹末有细毛,触角第1节最短。雄虫腹背有黑斑,腹末抱握器黑色,触角第4节最短。

卵:长0.21~0.26 mm,宽0.10~0.13 mm,长椭圆形,略弯,呈芒果状或香蕉状,端部稍尖,基部有短柄支撑,成簇倒悬于叶背上。早期为乳白色,渐变橙黄,孵化前转紫褐色。

若虫:共4龄。扁平椭圆,背中隆起。1龄长约0.25 mm,具3对足,初为乳黄白色,固定后渐变黑色,虫体周缘现白蜡,背侧有2条稍弯曲白色蜡线,6根浅色刺毛。2龄长约0.5 mm,足消失,体色漆黑,周缘白蜡明显,背有长短黑刺毛9对。3龄长约0.7 mm,体黑有光泽,白蜡圈加宽,黑色刺毛增加至14对。4龄若虫特征与伪蛹相同。(见插页图5-1-8)

伪蛹:蛹壳宽椭圆形,长1.0~1.2 mm,宽0.70~0.75 mm,体色漆黑。多黑刺,头胸有刺9对,头前另有1对短刺,腹部10对,周围亚缘区10~11对,其中头胸部5对,雄虫腹部5对,雌虫腹部6对。

[生物学特性]

每年发生4~5代,世代重叠。2~3龄若虫在叶背处越冬。成虫多在日间羽化,以中午前后最盛,羽化时蛹壳前部背面中间呈上形裂开。成虫喜栖于芽梢、叶背处,日间交尾产卵,第1代卵多产在茶蓬中、上层成叶背面,少数产在当年新叶上,以后各代的卵多产在中、下层成叶背面,以下部老叶上最多,向上渐少。每雌产卵近20粒,常多粒聚产,有时排列成1圈。亦可进行孤雌生殖,但孵出若虫均为雄虫。

6.绿盲蝽 *Apolygus lucorum* Meyer-Dür

属半翅目,盲蝽科。又称棉青盲蝽、青色盲蝽、小臭虫、破叶疯、天狗蝇等。我国各茶区分布较普遍,是早春头茶的重要害虫。还为害棉花、蚕豆、苕子、蒿类、豌豆等作物。

[为害症状识别]

成虫和若虫刺吸春茶期幼嫩芽、叶的汁液。被害幼芽出现许多红点,而后变褐,成为黑褐色枯死斑点(见插页图5-1-9)。芽叶伸展后,叶面出现不规则的孔洞,叶缘残缺破烂。受害芽叶生长缓慢,持嫩性差,叶质粗老,芽常呈钩状弯曲,质地变脆,成茶易碎,茶末增多,产量锐减,品质明显下降。

[形态特征]

成虫:体长5.0～5.5 mm,宽约2.5 mm。长卵圆形,扁平,绿色(见插页图5-1-10)。头宽短,复眼黑褐色。触角线形,淡褐色,4节,第2节最长,基部两节黄绿色,端部两节黑褐色。前胸背板深绿色,密布刻点;小盾片三角形,微突,黄绿色。前翅革片为绿色,革片端部与楔片相接处略呈灰褐色,楔片绿色,膜区暗褐色。足黄绿色,股节膨大,后足股节末端具褐色环斑,胫节有刺。

卵:长形略弯曲,长约1.0 mm,宽约0.26 mm,淡黄绿色,卵盖黄白色。

若虫:共5龄。1龄若虫长约1.04 mm,宽约0.5 mm,淡黄绿色,头大,复眼红色,唇基突出,触角灰色被细毛,端节长且膨大,三胸节等宽,依次渐短,第3腹节背部中央有暗色圆斑。2龄若虫长约1.34 mm,宽约0.68 mm,黄绿色,复眼红色、紫灰色,头部和前、中胸背板中央有纵凹陷,中、后胸和后缘平直,侧边具微小翅芽,腹背橙红点明显。3龄若虫长约1.90 mm,宽约0.88 mm,绿色,复眼灰暗,前胸背板梯形,背中线凹陷,翅芽与中胸清晰,中胸翅芽盖于后胸翅上,后胸翅芽末端达腹部第1节中部。4龄若虫长约2.55 mm,宽约1.36 mm,绿色,复眼灰色,前胸背板梯形,背中线浅绿色,盾片三角形,翅芽绿色,末端达腹部第3节,足绿色,胫节绿色。5龄若虫长约3.40 mm,宽约1.78 mm,绿色,复眼灰色,触角红褐色,盾片三角形,边缘深绿色,中胸翅芽绿色,脉纹处深绿色,膜区墨绿色,末端达腹部第5节。

[生物学特性]

每年发生5代,以卵在茶叶采摘后留下的已枯腐的小梢和鸡爪枝组织内越冬,也有的在茶园附近已枯艾蒿内越冬,越冬卵期约180 d。最适于温度15~25 ℃、相对湿度80%以上的条件下发生。卵期13~180 d,成虫期7~30 d,若虫期28~44 d。各龄期天数:1龄若虫4~7 d,2龄若虫7~11 d,3龄若虫6~9 d,4龄若虫5~8 d,5龄若虫6~9 d。

7. 茶蚜 *Toxoptera aurantii* Boyer

属半翅目,蚜科。又名茶二叉蚜、可可蚜。分布西至云贵川,东至浙江、福建、台湾等省份,北至秦岭、淮河,南至两广、海南,山东也有局部发生。为害茶、油茶、咖啡、可可和无花果。

[为害症状识别]

聚集在芽梢叶背处吸食,致叶片扭卷,芽叶萎缩,且排出蜜露引发茶煤污病,严重影响茶叶生长与产品质量(见插页图5-1-11)。为害严重时,茶叶汤色暗而浑浊,味淡而腥,香气全无,叶底皆暗,灰分杂质多,蚜虫尸体残肢夹杂其中。

[形态特征]

有翅蚜:成蚜长约22 mm,黑褐色,有光泽,触角第3~5节依次渐短,第3节有5~6个感觉圈排成一列。前翅中脉二叉。腹侧有4对黑斑。腹管长于尾片,小于触角第4节,基部有网纹。尾片腰细端圆,约有12根细毛。

无翅蚜:成蚜卵圆形,棕褐色,体表多细密淡黄色横置网纹。触角黑色,第3节无感觉圈,第3~5节依次渐短。

卵:长椭圆形,长约0.6 mm,一端稍细,背隆起,漆黑而有光泽。

[生物学特性]

每年发生25代以上,以卵在老叶背面越冬。趋嫩性强,常聚于新梢叶背、嫩茎上吸食,并随芽梢生长不断向上转移,以芽下二三叶虫口为多。多以无翅蚜形态存在,当虫口增长过剩,芽梢营养不足或气候变化时转移为害,同时产生有翅蚜迁飞扩散。春茶后期随芽梢生长迟缓和气温上升,有翅蚜迅速增多迁飞。秋末出现两性蚜,有翅雄蚜飞寻无翅雌蚜交配,雌蚜产卵越冬,每雌产卵4~10粒。繁殖力强,适宜条件下5~7 d即可完成1代,1头无翅胎生雌蚜可通过孤雌生殖产生35~45头仔蚜,发生季节虫口增长迅速。

8. 茶脊冠网蝽 *Stephanitis chinensis* Drake

属半翅目,网蝽科。又名茶网蝽、茶军配虫。分布于云南、贵州、四川、湖南、江西、广东、福建,是西南茶区的主要害虫之一。

[为害症状识别]

成虫、若虫群集于叶背处刺吸汁液,致受害叶出现许多密集的白色细小斑点,远看茶树一片灰白(见插页图 5-1-12)。叶背面积有黑胶质虫粪,影响茶树光合作用。

[形态特征]

成虫:体扁平,椭圆,长 3~4 mm,褐至黑褐色。触角细长淡黄,第 3 节最长,复眼紫褐色。前胸背板宽阔外延,透明多网纹,中脊前突至头上。翅亦透明多网纹,前翅长于体长 1 倍,中部具 2 个暗褐色斜纹。腹部黑色,有一暗纵沟。

卵:长椭圆形,长约 0.3 mm,端部略弯,乳白色,有光泽。

若虫:4~5 龄。初孵若虫乳白色,半透明,渐变暗绿色;3 龄转黑褐色,翅芽初露,头及腹背多笋状刺突;末龄若虫体长 2.5~3.0 mm,头、前胸背板、腹末及翅芽中段乳白色。

[生物学特性]

以卵在茶丛下部秋梢成叶背面中脉及其两侧组织内越冬。低山茶园亦偶有成虫越冬。春季 4 月上中旬至 5 月初陆续孵化,5 月上中旬为孵化盛期,第 2 代于 8 月中旬进入孵化盛期。第 1 代发生较齐,多为害较大。成虫畏强光,善爬动不善飞翔,多栖息于上部当季成叶叶背上,寿命 18~78 d,多次交尾,每雌平均产卵 110 粒,多散产于中下部当季较大成叶叶背主脉和侧脉附近表皮下。

9. 毛股沟臀肖叶甲 *Colaspoides femoralis* Lefevre

属鞘翅目,肖叶甲科。又名茶叶甲,为茶园常见害虫。分布西至云贵川,东至东部沿海,北至山东、河南,南至广东、广西。为害茶、栗、枫香、水红木等。

[为害症状识别]

成虫咬食嫩叶造成孔洞,形似"筛孔"或"窗斑"(见插页图 5-1-13)。

[形态特征]

成虫:宽卵圆形,体长 4.8~6.0 mm,宽 2.9~3.4 mm。体背多刻点,亮绿或靛蓝色,具金属光泽,体腹面黑褐色(见插页图5-1-13)。触角线形,长4.5 mm,超过体长的3/4。前胸背板宽为长的2倍,侧缘弧形。鞘翅基部略宽于前胸,刻点细密,端部钝圆。雌虫多为蓝色,少数黑色,触角端部7节和足黑色;雄虫一般为绿色,触角与足淡棕色,触角端部5节和足跗节黑色或黑褐色,雄虫后足股节腹面中部有一丛淡黄色毛,但雌虫不明显。

卵:长约1 mm,宽约0.4 mm,长椭圆形,黄白色。

幼虫:体长6.5～7.5 mm,头黄褐色,体乳白至淡黄色,稍弯曲,体背多皱。

[生物学特性]

每年发生1代,以幼虫形态在茶丛根际土中越冬。在贵州地区5月中旬开始化蛹,成虫6月上旬至6月下旬盛发。卵期12～14 d,幼虫期260～300 d,成虫期45～65 d。成虫飞行能力弱,畏光,多潜于叶层间活动,具假死性;黄昏晚间交尾,卵散产于落叶下表层土内。日间取食,自叶背食成直径3～4 mm的孔洞,夏茶芽下3～4叶受害最盛,叶片孔洞众多甚至破损。幼虫生活于土中,取食腐殖质与须根。虫口分布与茶树根系横展情况有关,越近根茎处虫口越多。

10. 茶牡蛎蚧 *Lepidosaphes tubulorum* Ferris

属半翅目,盾蚧科。又名东方蛎盾蚧。国内分布西至西藏,东至浙江、福建、台湾等省份,北至湖北、山东,南至两广、海南。是西南茶区重要蚧虫之一。为害茶、油茶、柑橘、乌桕、桑、柿等。

[为害症状识别]

固着在茶树枝叶上吸食汁液(见插页图5-1-14),致树势衰退,芽叶稀小,甚至叶落枝枯,整丛枯死。

[形态特征]

成虫:雌成虫长纺锤形,乳黄色,尾端橙黄,头黑,触角黄褐色,翅半透明。雌蚧壳长3～4 mm,长而弯曲,后部肥大,背隆起,呈牡蛎状,暗褐色,边缘灰白色,头端灰褐色,蜕皮壳点向前突。雄蚧壳长约1.6 mm,略直,前端暗褐色,后部红褐色且有一黄色横带,边缘灰白,头前壳点橙色(见插页图5-1-14)。

卵:长椭圆形,乳白微带水红色,后转淡紫色。

若虫:初孵若虫扁平,椭圆形,淡黄色,眼紫红色,触角、足及尾毛明显。初孵若虫泌蜡固定。2龄后蚧壳明显,淡黄至黄褐色。

[生物学特性]

每年发生2代,以卵在蚧壳内越冬。第1代若虫于4月中旬至5月下旬孵化,5月中旬为孵化盛期;第2代若虫于7月中旬至9月上旬孵化,8月上旬为孵化盛期。10月中旬至11月下旬雌成虫产卵越冬,每雌产卵40~60粒。初孵若虫多在茶丛中、下部枝干上或叶片正反面定居固着。新梢上较少,叶面以雌虫居多。密植郁闭茶园发生重,形成为害中心。

11. 茶椰圆蚧 *Aspidiotus destructor* Signoret

属半翅目,盾蚧科。又名椰圆盾蚧、琉璃圆蚧、木瓜蚧壳虫等。国内分布普遍,西至西藏,东至浙江、福建、台湾等省份,南至海南、两广,北至陕西、山东。为害茶、柑橘、香蕉、芒果、可可、棕榈、樟树等。

[为害症状识别]

成虫和若虫固着于叶背上吸食汁液(见插页图5-1-15),严重时引起落叶、树势衰弱。

[形态特征]

成虫:雌成虫倒梨形,鲜黄色,长约1.1 mm,宽约0.8 mm。雄成虫橙黄色,复眼黑褐色,翅半透明,腹末交尾器针状。雌蚧壳圆而扁平,长1.7~1.8 mm;雄蚧壳椭圆而扁平,长约0.75 mm。蚧壳皆薄而透明,淡黄色或微带褐色。

卵:椭圆形,长0.1 mm,黄绿色。

若虫:淡黄绿色至黄色,椭圆形,较扁,眼褐色,触角1对,足3对,腹末生1尾毛。

[生物学特性]

每年发生2代,以受精雌虫形态在枝干上越冬。1~2代卵孵化盛期依次为5月上旬和8月上旬。每雌产卵60~100粒或更多,以越冬代春季产卵最多。茶树上虫口分布越冬代以枝干上为多,非越冬代大多在嫩茎及嫩叶背面定居吸食。受害嫩叶正面出现黄色斑点并随虫口增多逐渐扩散,叶面布满黄斑。新辟密植郁闭成龄茶园大量发生。以浓绿型、叶肥、蜡质较厚的品种发生较重。

12. 茶尺蠖 *Ectropis obliqua* 和灰茶尺蠖 *E. grisescens*

茶尺蠖和灰茶尺蠖统称为茶尺蠖,是茶树尺蠖类害虫的2个近缘种,也是茶园中最主要的食叶类害虫。茶尺蠖主要分布在江苏、浙江、安徽等地,灰茶尺蠖在我国主要产茶区均有分布,常年发生。除茶树外,还可为害大豆、豇豆、芝麻、向日葵和辣蓼等植物。

考虑到茶尺蠖和灰茶尺蠖两种害虫有时混合发生,在发生规律、生活习性上基本相同,本实验主要介绍茶尺蠖。

[为害症状识别]

以幼虫取食叶片为害为主,暴发成灾时,可将嫩叶、老叶甚至嫩茎全部食尽,对茶叶产量影响较大。低龄幼虫喜停栖于叶片边缘,咬食叶片边缘形成网状半透明膜斑;高龄幼虫常自叶缘咬食叶片,形成光滑的"C"形缺刻,甚至蚕食整张叶片(见插页图5-1-16)。严重时成枝梗光秃,状如火烧。

[形态特征]

成虫:体长9～12 mm,翅展20～30 mm。全体灰白色,翅面疏被茶褐或黑褐色鳞片。前翅内横线、外横线、外缘线和亚外缘线黑褐色,弯曲呈波状,有时内横线和亚外缘线不明显,外缘有7个小黑点;后翅稍短小,外横线和亚外缘线深茶褐色,亚外缘线有时不明显,外缘有5个小黑点。(见插页图5-1-17)

卵:椭圆形,长径约0.8 mm,短径约0.5 mm。初产时鲜绿色,后渐变黄绿色,再转灰褐色,近孵化时黑色。常数十粒、百余粒重叠成堆,覆有灰白色絮状物。

幼虫:共4～5龄。幼虫体长约15 mm,黑色,胸、腹部每节都有环列白色小点和纵行白线,以后体色转褐色,白点、白线渐不明显,后期体长4 mm左右。2龄初体长4～6 mm,头黑褐色,胸、腹部赭色或深茶褐色,第1～2腹节背面渐显两黑褐色斑点。3龄初体长7～9 mm,茶褐色;腹部第1节背面的黑点明显,第2节背面黑纹呈八字形,第8节出现一个不明显的倒八字形黑纹。4龄初体长13～16 mm,灰褐色,腹部第2节至第4节有1～2个不明显的灰黑色菱形斑,第8节背面的倒八字形斑纹明显。5龄初体长18～22 mm,充分长成时长达26～30 mm,灰褐色,腹部第2节至第4节背面的灰黑色菱形斑及第8节背面的倒八字形黑纹均甚明显。

蛹:长椭圆形,长10～14 mm,赭褐色。触角与翅芽达腹部第4节后缘。第5腹节前缘两侧各有眼状斑1个。臀棘近三角形,有的臀棘末端有一分叉的短刺。

[生物学特性]

一般每年发生6~7代,以蛹在茶树根际表层土中越冬。翌年3月初开始羽化出土。越冬代成虫飞翔能力弱,主要在越冬场所附近产卵。一般4月上中旬第1代幼虫开始发生,为害春茶。第2代幼虫于5月下旬至6月上旬发生,第3代幼虫于6月中旬至7月上旬发生,均为害夏茶。以后大约每月发生1代,直至最后1代以老熟幼虫形态入土化蛹越冬。第1、第2代有明显的"发虫中心"现象,1、2龄幼虫期长,是全年防治的有利时期;第3代以后世代重叠;第4代发生量大,是全年为害最严重的一代。幼虫多于午间孵化,初孵幼虫活泼,趋光趋嫩;2、3龄幼虫渐畏光,日间潜匿叶背处,受惊则假死,吐丝坠地,清晨、黄昏后取食最盛。幼虫老熟后在根际入土1 cm化蛹,越冬蛹可深达土下1.5~3.0 cm,大发生时也有的在落叶间化蛹。成虫多黄昏后羽化,日间静伏于枝干上,夜晚活跃,有趋光性。羽化后1~2 d内交尾产卵,卵块产于茶丛枝丫、树皮缝隙、枯枝落叶处或附近树干上,并覆有灰白色絮状物。每雌产卵200余粒,一般春秋季产卵量多于夏季。

四、实验报告

(1)简述茶树主要害虫的为害特点。

(2)绘制茶尺蠖和灰茶尺蠖成虫的形态特征图,并对比两者成虫和幼虫形态特征的区别。

(3)简述茶小绿叶蝉的发生为害特点。

五、思考题

(1)可以根据害虫的为害特征去识别茶树害虫种类吗?

(2)怎样根据昆虫的生物学习性来判别植食性昆虫对茶树的为害特点?

(3)请结合昆虫的生物学特性提出防治策略。

参考文献:

[1]肖强.茶园害虫"双胞胎"——茶尺蠖和灰茶尺蠖的识别[J].中国茶叶,2019,41(11):11-12.

[2]周孝贵,肖强,余玉庚,等.茶树叶片"千疮百孔"之元凶——黑足角胸肖叶甲和毛股沟臀肖叶甲[J].中国茶叶,2018,40(10):10-12.

[3]张萌萌,李莉,陈琴,等.黑足厚缘肖叶甲的生物学特性及其在藤茶上的发生[J].河南农业科学,2023,52(2):94-102.

实验二
烟草虫害

烟草虫害是影响烟叶产量和质量的重要因子之一。目前贵州烟田害虫有226种，食叶类害虫多达38种，其次是刺吸类害虫，有16种，地下害虫有12种，常见潜叶和蛀食类害虫有3种。

一、实验目的

能识别和初步诊断烟草大田及棚内种植条件下的主要虫害种类及其为害症状；会观察和分析烟草重要虫害的为害部位及其发生特点；会描绘主要烟草害虫的外观形态。

二、实验器材

1.材料

烟草主要害虫的浸渍标本、针插标本、生活史标本、为害症状标本，相关照片、挂图及多媒体课件等。

2.工具

体视显微镜、生物显微镜、放大镜、载玻片、盖玻片、解剖针、镊子、培养皿、双面刀片等。

三、内容与方法

1.烟蚜 *Myzus persicae* Sulzer

属半翅目，蚜科。别名腻虫、烟蚜、桃赤蚜、菜蚜、油汗。分布于世界各地，我国南北各烟区普遍发生。

[为害症状识别]

以群居方式在烟叶上吸食汁液,使烟株生长缓慢、叶片皱缩,易造成采收烘烤后烟叶品质变劣。烟蚜分泌的蜜露可诱发煤污病,使烟叶表面变黑腐烂、叶柄发脆,还可传播马铃薯Y病毒(potato virus Y,PVY)和黄瓜花叶病毒(cucumber mosaic virus, CMV)等多种病毒,进而给烟株造成间接损伤。

[形态特征]

同桃蚜。

[生物学特性]

同桃蚜。

2. 烟青虫 *Helicoverpa assulta* Guenée

属鳞翅目,夜蛾科。又称烟夜蛾、青虫、青布袋虫。全国各地均有分布,国外主要分布于日本、朝鲜、印度、缅甸、印度尼西亚等国家。是烟草重要害虫之一,主要为害烟草和辣椒,也为害番茄、南瓜等茄科和葫芦科植物。

[为害症状识别]

幼虫取食烟草叶片、花和果实,偶蛀食烟茎,发生严重时烟叶仅剩叶脉,为害生长点则使烟苗成为无头烟。

[形态特征]

成虫:体长15～18 mm,体黄褐至灰黄色,雄虫翅黄绿色,雌虫前翅黄褐色至灰褐色。翅展27～35 mm,前翅具黑褐色波状纹3条,亚基线及中横线间有1条黑褐色眼状纹,中横线上半部分分叉,分叉间有1个肾形褐纹,外横线外方有2条较宽的褐色带,缘毛先端白色。

卵:半球形,长0.40～0.55 mm,卵顶有11～15个"花瓣",卵体上具20多条长短相间的纵脊,初产时乳白色,近孵化前紫黑色。

幼虫:末龄幼虫长21～41 mm,青绿色、黄绿色等,体表密生圆锥体短刺。

蛹:纺锤形,长15～18 mm。初为深绿色,后变红褐色,腹部末端有黑刺1对。

[生物学特性]

在云南省红河州弥勒市烟区每年发生4~5代,以蛹在土中越冬。第1代幼虫发生盛期是5月中旬;第2代幼虫发生盛期是6月中旬至下旬;第1、第2代幼虫发生期正值烤烟团棵、旺长至现蕾封顶阶段,因此为害最为突出;第3代幼虫发生盛期是7月下旬;第4代幼虫发生盛期是8月下旬至9月上旬;第5代幼虫发生时间是10月上旬。

3. 烟粉虱 *Bemisia tabaci* Gennadius

半翅目,粉虱科。俗称小白蛾。分布于世界各地,主要为害棉花、烟草、番茄、番薯、木薯及十字花科、葫芦科、豆科等74科420多种作物。

[为害症状识别]

成虫和若虫刺吸烟株叶片和嫩茎汁液,造成植株生长发育受阻,并可分泌蜜露污染叶片、诱发煤污病,影响叶片光合作用,阻碍烟株发育。

[形态特征]

成虫:雌虫体长约0.91 mm,雄虫体长约0.85 mm。体淡黄白色到白色,复眼红色,肾形,单眼2个。翅白色无斑点,被有蜡粉,前翅有2条翅脉,第1条脉不分叉,停息时左右翅合拢呈屋脊状。

卵:椭圆形,有小柄与叶面垂直,卵柄通过产卵器插入叶内。卵初产时淡黄绿色,孵化前颜色加深,呈琥珀色至深褐色。

若虫:淡绿色至黄色。1龄若虫足和触角较长,在孵化时身体半弯,直到前足能抓住叶片、脱离废弃的卵壳。2龄若虫在孵化的叶片上能爬行一段距离,只要成功取食就固定在原位直到成虫羽化。3、4龄时其足和触角退化至只有1节。4龄若虫又称伪蛹,蛹壳黄色,长0.6~0.9 mm,有2根尾刚毛,背面有1~7对粗壮的刚毛或无毛,有2个红色眼点。

[生物学特性]

在热带和亚热带地区,每年可发生11~15代,在不同寄主植物上发育时间各不相同,世代重叠。最佳发育温度为26~28 ℃,卵期约5 d,若虫期约15 d,成虫寿命可达1~2个月,完成1个世代仅需19~27 d。

四、实验报告

（1）根据实验观察，对比烟蚜和烟粉虱的形态特征及为害特点。

（2）观察并绘制烟青虫成虫和幼虫的识别特征图。

五、思考题

试根据烟蚜、烟粉虱等植食性昆虫的取食特点，谈谈其对烟草产量及品质的影响。

实验三
中药材虫害

为害中药材的有害动物种类很多，其中以植食性昆虫为主，其次是植食性螨类、蜗牛和鼠类等。因食性、取食方式，以及不同虫态之间生活习性的差异，昆虫在药用植物上的为害部位和识别特征大有不同。根据它们口器的类型来看，叶甲、蝗虫及蛾蝶类幼虫等咀嚼式口器害虫，主要为害植株各部位，造成机械性损伤，如缺刻、孔洞、折断、钻蛀茎秆、切断根部等。而蚜虫、蜻类和叶蝉等刺吸式口器害虫，擅长以针状口器刺入植物组织内吸食汁液，引起植株萎缩、皱叶、卷叶、枯死斑、生长点脱落、虫瘿（受唾液刺激而形成）等。

一、实验目的

能识别和诊断中药材主要虫害的为害症状；会观察和分析重要植食性昆虫（螨类）为害中药材的特点；会绘制主要中药材害虫的外观形态图。

二、实验器材

1. 材料

铁皮石斛等中药材的主要害虫的浸渍标本、针插标本、生活史标本、为害症状标本，相关照片、挂图及多媒体课件等。

2. 工具

体视显微镜、生物显微镜、放大镜、载玻片、盖玻片、解剖针、镊子、培养皿、双面刀片等。

三、内容与方法

1. 石斛篓象 *Nassophasis* sp.

属鞘翅目,象甲科。近年来在云南和贵州的石斛种植区域发生为害,且日趋严重,并有随石斛苗栽培、销售和运输等进行远距离、跨省份传播和扩散的风险。

[为害症状识别]

成虫取食石斛嫩茎、叶片和花,取食后,在茎秆上形成坑状取食孔,叶片被取食处仅剩下叶脉,呈网状,成虫将卵产于石斛茎秆基部;孵化后的幼虫在石斛茎秆内钻蛀为害,取食石斛茎秆肉质部分,造成茎秆软腐,取食过程中还伴随有大量黄褐色、颗粒状湿腐粪屑的产生,并在石斛茎秆内形成蛹室,羽化为成虫后爬出茎秆继续为害石斛。(见插页图5-3-1)

[形态特征]

成虫:体长约12 mm,喙黑褐色,坚硬,布满均匀刻点,弯曲,喙顶端为四角芒状;触角黑色,共8节,末端卵形;胸部黑色,布满大小不一的刻点,背部具不规则黄色斑点;足具爪,股节和跗节为红褐色,其余部分为黑色。

卵:黄色,长约2 mm,长椭圆形,表面光滑。

幼虫:初孵幼虫为淡黄色,随着龄期的增长,逐渐变为黄色,长7~13 mm,头红褐色,身体柔软,弓弯,触角退化,无尾须,胸足退化。

蛹:离蛹,长8~12 mm,头部和喙结合处有3对刚毛,腹部末端有1对尾须,腹部背面有几对短小毛突,初期为黄色,后期为红褐色。(见插页图5-3-2)

[生物学特性]

每年发生2~3代,世代重叠。以老熟幼虫或蛹的形态越冬,次年3月下旬成虫出土为害,4月上旬开始产卵,下旬出现幼虫,6月下旬至8月中旬成虫出现盛发期,9月至10月中旬出现幼虫暴发期,11月第3代成虫开始交配产卵,12月上旬以老熟幼虫或蛹的形态开始越冬。

2. 绿尾大蚕蛾 *Actias ningpoana* Felder

属鳞翅目,大蚕蛾科。在我国主要分布于贵州、河北、河南、浙江、湖南、江西、广西等地。主要为害药用植物,如山茱萸、杜仲等,还为害果树、林木等,如核桃、枫杨、乌桕、白榆、樟、杨等。

[为害症状识别]

幼虫食害树叶,初孵幼虫群集取食,食叶造成缺刻或孔洞,仅残留叶柄或粗脉,严重时将树叶吃光,影响林木生长和开花结实,导致产量下降甚至绝收。

[形态特征]

成虫:翅绿白色,翅展120~150 mm,体呈绿白色,头暗紫色,触角黄色,羽毛状,胸部、肩部基板有暗红色横带。足胫节和跗节淡紫色,腹部淡黄色,基部有厚而长的黄色鳞毛。(见插页图5-3-3)

卵:淡黄色,稍扁,椭圆形,直径约2 mm,近孵化时呈褐色。

幼虫:共5龄。长约50 mm,体节呈六边形,中胸、后胸毛瘤呈明显亮黄色,其基部黑色更加明显。臀板与臀足呈放射三星状,颜色为黑色,周围橘黄色,胸足褐色,腹足棕褐色。

蛹:长42~43 mm,椭圆形,紫黑色;茧长44~48 mm,椭圆形,丝质粗糙,灰褐色至黄褐色。

[生物学特性]

每年发生2代,以蛹在树枝或地被物下越冬。第二年4月上旬开始羽化、交尾、产卵。第1代幼虫于4月中旬至5月上旬发生,5月下旬至6月下旬化蛹,蛹期10~15 d,6月下旬至8月为第1代成虫发生期。越冬代幼虫7月上旬开始发生,8月上中旬老熟。幼虫在树干下部及杂草间陆续结茧化蛹越冬。

3. 苎麻珍蝶 *Acraea issoria* Hübner

属鳞翅目,珍蝶科。分布在华中、华东、华南、西南地区。主要为害苎麻、荨麻、茶树等植物。

[为害症状识别]

幼虫喜食嫩叶,为害较严重。低龄幼虫群聚取食正面叶肉,形成火烧叶,3龄后分散至全田食叶片,造成孔洞或缺刻,严重时仅留叶脉,形成"败蔸"而干枯。

[形态特征]

成虫：小型，体长16～26 mm，翅展53～70 mm，以红、褐、黑色为主，饰有白色斑纹，且两翅正反面的颜色及斑纹对应相似。翅橙黄色或褐色，外缘有宽的黑色带，黑色带外缘锯齿形，翅脉纹黄褐色或褐色。前翅常有黑色斑纹，前缘、外缘灰褐色，外缘内有灰褐色锯齿状纹，外缘具黄色斑7～9个；后翅外缘有灰褐色锯齿状纹并具三角形棕黄色斑8个。触角具白环，头小，复眼与触角接触处有凹缺。雄性前足退化，收缩不用；雌性前足正常，下唇须短。

卵：长0.9～1.0 mm，椭圆形，卵壳上有数条隆起线，鲜黄色至棕黄色。

幼虫：体13节，头略呈半圆球形。第2代幼虫共8龄。末龄幼虫体长30～35 mm，头部黄色，具金黄色八字形蜕裂线；单眼、口器黑褐色。前胸盾板和臀板褐色，前胸背面生枝刺2根，中胸、后胸各4根，腹部1～8节各6根，末端2节各2根。（见插页图5-3-4）

蛹：长20～25 mm，倒垂于植物叶背或茎秆上。口器、触角黄色，翅脉、气孔及尾端黑褐色，头部和胸部背面有黑褐色斑点，其余体灰白色至淡黄色。

[生物学特性]

在西南、江浙地区通常每年发生2代。在贵州一般5月下旬至6月中旬可见其幼虫、蛹和成虫。

4. 菊姬长管蚜 *Macrosiphoniella sanborni* Gillette

属半翅目，蚜科。又名菊小长管蚜，是白术的重要害虫之一，也为害多种菊科花卉。

[为害症状识别]

为害白术时致叶片发黄，植株萎缩、生长不良，且分泌蜜露布满叶面，使植株光合作用受到影响。

[形态特征]

无翅孤雌蚜：体长1.5 mm，体呈纺锤形，赭褐色至黑褐色，具光泽。触角比体长，除3节色浅外，余黑色。腹管圆筒形，基部宽，有瓦状纹，端部渐细，具网状纹，腹管、尾片全为黑色。

有翅孤雌蚜：体长 1.7 mm，具 2 对翅。胸、腹部的斑纹比无翅型明显，触角长是体长的 1.1 倍，尾片上生 9～11 根毛。

[生物学特性]

每年能发生多代，在南方温暖地区全年为害菊科植物。除直接为害白术外，还传播病毒，在南方的 4—6 月，该虫大发生的同时，白术病毒病也严重起来。

四、实验报告

对比观察及描述中药材主要害虫的为害部位及为害症状特征。

五、思考题

(1) 试分析蛀茎类害虫对中药材为害的特点及防治方法要点。

(2) 试分析中药材在栽培选址时应注意哪些方面，以减少病虫害的发生。

第六章

花卉与草坪植物虫害

花卉与草坪植物是构建园艺、园林景观的常见观赏性植物，其所构建的园艺、园林景观具有植物种类多、覆盖面积大、种植区域相对集中且密度大，为许多昆虫等生物提供大量蜜源、食物或栖息场所，以及周遭环境条件多种多样，人为活动对其影响较大等特点。在花卉与草坪植物上，也不乏同蔬菜、果树、中药材等经济作物上相同的害虫。为了更好地了解花卉及草坪植物上虫害的类型及进行针对性防控管理，本章根据害虫取食方式及生物学习性，将其分为五大类，即刺吸类害虫、食叶类害虫、潜叶类害虫、蛀食类害虫，以及地下害虫。

实验一
花卉与草坪植物虫害

一、实验目的

能识别和诊断常见花卉和草坪植物主要虫害的类型及其为害症状；会观察和分析重要植食性昆虫为害花卉和草坪植物的特点；会绘制主要花卉和草坪植物害虫的外观形态图。

二、实验器材

1. 材料

草本花卉、藤灌类花卉、乔木类花卉和草坪植物上主要害虫的浸渍标本、针插标本、生活史标本、为害症状标本，相关照片、挂图及多媒体课件等。

2. 工具

体视显微镜、生物显微镜、放大镜、载玻片、盖玻片、解剖针、镊子、培养皿、双面刀片等。

三、内容与方法

(一)刺吸类害虫

主要有蚜虫、蚧壳虫、叶螨、粉虱和蓟类等昆虫。这类害虫的成虫、若虫利用针状口器刺吸植物组织汁液,引起卷叶、虫瘿,或是叶片上出现变色小点,或是叶片、枝条枯黄等症状。

桃蚜、棉蚜和菊姬长管蚜三种蚜虫,均属于半翅目,蚜科。桃蚜和棉蚜寄主植物种类繁多,涉及观赏花卉、蔬菜和果树等;菊姬长管蚜主要为害菊科花卉植物。

1. 桃蚜 *Myzus persicae* Sulzer

"为害症状识别""形态特征""生物学特性"参见第三章实验一。

2. 棉蚜 *Aphis gossypii* Glover

俗称腻虫,为世界性棉花害虫。中国各棉区都有发生,是棉花苗期的重要害虫之一。寄主植物范围很广,全世界至少有700种寄主植物,如大多数葫芦科和茄科蔬菜、叶类蔬菜、豆类、马铃薯、观赏植物、油菜、柑橘、棉花等重要作物。

[为害症状识别]

喜群集取食,为害寄主植物的嫩梢、花蕾、花朵和叶,在叶片背面刺吸汁液,并诱发煤污病。

[形态特征]

成虫:无翅胎生雌蚜和有翅胎生雌蚜体长均小于2 mm。无翅胎生雌蚜虫体夏季黄绿色,春秋季棕黑色,体被蜡粉;触角长约为身体的1/2;复眼暗红色;腹管圆筒形,基部较宽,黑青色,较短。有翅胎生雌蚜虫体黄色、浅绿或深绿色;触角比身体短;翅透明,中脉三叉。

卵:初产时橙黄色,6 d后变为黑色,有光泽。卵产在越冬寄主的叶芽附近。

若虫:无翅若蚜与无翅胎生雌蚜相似,但体形较小,腹部较瘦。有翅若蚜形状同无翅若蚜,二龄出现翅芽,向两侧后方伸展,端半部灰黄色。

[生物学特性]

在北方棉区棉蚜以卵在木槿、石榴等越冬寄主上越冬。翌年春季越冬寄主发芽后,越冬卵孵化为干母,孤雌生殖2~3代后,产生有翅胎生雌蚜。4—5月迁入棉田,为害刚出土的棉苗,随之在棉田繁殖,5—6月进入为害高峰期,6月下旬后蚜量减少,但干旱年份为害期多延长。10月中下旬产生有翅的性母,迁回越冬寄主,产生无翅有性雌蚜和有翅雄蚜。雌雄蚜交配后,在越冬寄主枝条缝隙或芽腋处产卵越冬。

3. 菊姬长管蚜 *Macrosiphoniella sanborni* Gillette

又名菊小长管蚜,主要分布于辽宁、河北、山东、北京、河南、江苏、浙江、广东、福建、台湾和四川等省份。常在寄主菊花等的叶和茎上吸食汁液为害。

[为害症状识别]

春季菊花发芽抽叶时,群集为害其新芽、新叶,致新叶难以展开,茎的伸长和发育受阻;秋季开花时群集在花梗、花蕾上为害,使开花不正常。

[形态特征]

参见第五章实验三。

[生物学特性]

每年能发生10代左右,在南方温暖地区全年为害菊科植物,一般不产生有翅蚜,多以无翅蚜形态在菊科寄主植物上越冬。翌年4月有翅蚜迁至菊、白术等植物上,产生无翅孤雌蚜进行繁殖为害,4—6月植株受害重。6月以后气温升高,降雨多,蚜量下降;8月后虫量略有回升;秋季气温下降,开始产生有翅雌蚜,又迁飞到其他菊科植物上越冬。

4. 日本龟蜡蚧 *Ceroplastes japonicus* Green

属半翅目,蜡蚧科。又名日本蜡蚧、枣龟蜡蚧和龟蜡蚧。在中国分布极其广泛,黑龙江、辽宁、内蒙古、甘肃、北京、河北、山西、陕西、山东、河南、安徽、上海、浙江、江西、福建、湖北、湖南、广东、广西、四川、贵州、云南等地均有分布。为害100多种植物,其中大部分是果树,如苹果、柿、枣、梨、桃、杏、柑橘、芒果、枇杷等。也为害多种乔木、灌木花卉,如广玉兰、乐昌含笑、法国梧桐、海桐、大叶黄杨、栀子和罗汉松等。

[为害症状识别]

若虫和雌成虫刺吸植物汁液,排泄物常诱发煤污病发生,使植株密被黑霉,削弱树势,直接影响光合作用,并导致植株生长不良,重者枝条枯死。(见插页图6-1-1)

[形态特征]

成虫：雌成虫卵圆形，长 1~4 mm，黄红、血红至红褐色。背部稍突起，腹面平坦，尾端具尖突起。触角多为6节。其蜡壳长 3.0~4.5 mm，圆或椭圆形，体被有较厚的白色或灰色湿蜡壳，壳背向上盔形隆起成半球形，表面有凹陷，将背面分割成龟甲状板块，形成中心板块和8个边缘板块（见插页图6-1-1）。雄成虫体长约 1.3 mm，翅展约 3.5 mm，棕褐色；触角10节，第4节最长；前胸前部窄细如颈；腹末交尾器针状。

卵：椭圆形，初为乳黄色，渐变深红色。

若虫：体长约 0.3 mm，宽约 0.2 mm，长椭圆形，扁平，淡黄色。老龄雌若虫蜡壳与雌成虫近似；老龄雄若虫蜡壳长约 2 mm，长椭圆形，白色，中部有长椭圆形隆起干蜡板1块，周缘有白色小角状蜡角13个。

蛹：体长约 12 mm，圆锥形，红褐色。

[生物学特性]

每年发生1代，主要以受精雌虫形态在1~2年生枝上越冬。翌春寄主发芽时开始为害，虫体迅速膨大，成熟后产卵于腹下。繁殖快且繁殖量大，每雌产卵千余粒，多者 3 000 粒。卵期 10~24 d。初孵若虫3—4月爬至寄主植物嫩枝、叶柄和叶面上固着取食，8月初开始性分化，8月中旬至9月为雄虫化蛹期，蛹期 8~20 d，8月下旬至10月上旬羽化。雄成虫寿命 1~5 d，交配后即死亡，雌虫陆续由叶转到枝上固着为害，至秋后越冬。可进行孤雌生殖，子代均为雄性。

（二）食叶类害虫

主要有鳞翅目的刺蛾、蓑蛾、卷叶蛾、夜蛾、毒蛾、天蛾、舟蛾、枯叶蛾、凤蝶和粉蝶等昆虫的幼虫，以及叶甲类、金龟子和叶蜂等昆虫的成虫和幼虫。这类害虫具有咀嚼式口器，取食叶片、嫩梢或嫩茎，造成植株残缺不全，有的把叶子吃光，仅留下粗的叶脉，有的还有卷叶为害习性。

1. 苹小卷蛾 *Adoxophyes orana* Fischer von Röslerstamm

属鳞翅目，卷蛾科。又称苹卷蛾、棉卷蛾。为害苹果、桃、李等果树，还取食为害四季秋海棠、金叶女贞、大叶黄杨、碧桃、紫叶李和三叶草等多种花卉。

[为害症状识别]

幼虫咬食新芽、嫩叶和花蕾,仅留呈网孔状的表皮(见插页图6-1-2),并使叶片纵卷,潜藏叶内,吐丝作茧,连续为害植株,严重影响植株生长和开花;或钻进果实里面吃果实。初孵幼虫缀结叶尖,潜居其中取食上表皮和叶肉,残留下表皮,致卷叶出现枯黄薄膜斑;大龄幼虫食叶造成缺刻或孔洞。

[形态特征]

成虫:长6~8 mm,翅展15~20 mm,黄褐色。触角丝状,下唇须明显前伸。前翅略呈长方形,翅面上常有数条暗褐色细横纹,雄虫前缘褶明显。后翅淡黄褐色微灰。腹部淡黄褐色,背面色暗。(见插页图6-1-2)

卵:扁平,椭圆形,长约6 mm,淡黄色,半透明。

幼虫:长13~18 mm,翠绿色或淡黄绿色,头小,淡黄白色,胸足淡黄或淡黄褐色。

蛹:长9~11 mm,较细长,初绿色后变黄褐色。

[生物学特性]

常发生在春、夏季。以幼龄幼虫形态于粗翘皮、伤口等的缝隙内结白色薄茧越冬。出蛰幼虫爬到新梢上为害幼芽、花蕾和嫩叶,老熟后于卷叶内化蛹。蛹期6~9 d。成虫昼伏夜出,有趋光性,对糖醋液趋性强。羽化后1~2 d便可交尾产卵。卵多产于叶面,亦有产在果面和叶背者。每雌可产卵百余粒,卵期6~10 d。幼虫很活泼,震动卷叶、急剧扭动身体并吐丝下垂。

2. 扁刺蛾 *Thosea sinensis* Walker

属鳞翅目,刺蛾科。全国各地均有分布,为害苹果、梨、桃、蓝莓、白杨、柿子等多种果树和林木。

[为害症状识别]

以幼虫取食叶片为害,发生严重时,可将寄主叶片吃光,造成严重减产,且在生产管理中与人体接触后,使人产生过敏反应。

[形态特征]

成虫:雌蛾体长13~18 mm,翅展28~35 mm。体暗灰褐色,腹面及足的颜色更深。前翅灰褐色,稍带紫色,中室前方有一明显暗褐色斜纹,自前缘近顶角处向后缘斜伸。雄蛾中室上角有一黑点(雌蛾不明显)。后翅暗灰褐色。

卵:扁平光滑,椭圆形,长 1.1 mm,初为淡黄绿色,孵化前呈灰褐色。

幼虫:共 8 龄。老熟幼虫体长 21～26 mm,宽约 16 mm,体扁,椭圆形,背部稍隆起,形似龟背。全体绿色或黄绿色,背线白色(见插页图 6-1-3)。体两侧各有 10 个瘤状突起,其上生有刺毛,每一体节的背面有 2 小丛刺毛,第 4 节背面两侧各有一红点。

蛹:长 10～15 mm,前端肥钝,后端略尖削,近似椭圆形。初为乳白色,近羽化时变为黄褐色。茧长 12～16 mm,椭圆形,暗褐色,形似鸟蛋。

[生物学特性]

贵州每年发生 2 代,少数 3 代。均以老熟幼虫形态在寄主树干周围土中结茧越冬。越冬幼虫 4 月中旬化蛹,成虫 5 月中旬至 6 月初羽化。第 1 代发生期为 5 月中旬至 8 月底,第 2 代发生期为 7 月中旬至 9 月底。少数的第 3 代始于 9 月初,止于 10 月底。成虫羽化多集中在黄昏时分,尤以 18—20 时羽化最多。成虫羽化后即行交尾产卵,卵多散产于叶面,初孵化幼虫停息在卵壳附近,并不取食,蜕第一次皮后,先取食卵壳再啃食叶肉。老熟幼虫下树入土结茧。

3. 普通角伪叶甲 *Cerogria popularis*

属鞘翅目,拟步甲科。在热带区域种类丰富,成虫多见于草本花卉、灌木或乔木叶片上,幼虫则栖息于落叶层或腐木中。可为害蓝莓、苹果的果实和叶片,在漆树、核桃、马尾松、黄杨和栎树等乔木上也有发现。

[为害症状识别]

有群聚性,常 2～3 头聚集在一起啃食花卉、草坪植物叶片。

[形态特征]

雌虫:体长 15.5～17.0 mm,额区有"U"形压痕;眼间距为复眼横径的 2 倍;触角仅达鞘翅肩部,末节长度等于其前 3 节长度之和。

雄虫:体长 14.5～15.5 mm,黑色,鞘翅有金绿色至紫铜色的光泽,前胸背板多有紫绿色光泽,背面被直立的白色长毛。头部复眼明显窄于前胸背板,上唇、唇基部光滑;复眼细长,前缘中部深凹;触角向后超过鞘翅肩部,基节粗壮;前胸背板两侧刻点粗且密;鞘翅两侧刻点甚密,基部有浅的横压痕;中足后节胫节内缘有齿。

[生物学特性]

幼虫期长,成虫活动能力强,爬行较快,但飞行能力弱,只能进行短距离飞行。5月初至8月底是发生为害期。

4. 短额负蝗 *Atractomorpha sinensis* Bolívar

属直翅目,锥头蝗科。又名中华负蝗、尖头蚱蜢、小尖头蚱蜢。在我国分布较为广泛,主要为害美人蕉、一串红、鸡冠花、菊花、海棠、木槿等花卉与禾本科草坪植物等。同时,也取食为害棉花、豆类、薯类、烟草、向日葵等双子叶植物。

[为害症状识别]

成虫和若虫以咀嚼式口器蚕食叶片,造成孔洞和缺刻,严重时可将叶片吃光。

[形态特征]

成虫:雄虫体长21~25 mm,雌虫体长35~45 mm,绿色或褐色。头部削尖,向前突出,侧缘具黄色瘤状小突起。前翅绿色,超过腹部;后翅基部红色,端部淡绿色。

卵:长椭圆形,长约3.5 mm,淡黄色至黄褐色。

若虫:共5龄,特征与成虫相似,体被白绿色斑点。

[生物学特性]

每年发生2代,秋季是为害高峰期。以卵在土层中越冬。翌年5月至6月越冬卵孵化,7月中旬为第一代成虫羽化盛期。第二代若虫为害期主要在7月至8月,8月中旬至10月中旬第二代成虫羽化。卵多产于杂草多、向阳的砂土中,深度一般为3~5 cm。11月中下旬成虫开始陆续死亡。

(三)潜叶类和蛀食类害虫

常见为害花木的潜叶类和蛀食类害虫主要有鞘翅目的天牛类、吉丁虫、小蠹虫、象甲等,膜翅目的茎蜂、树蜂等,鳞翅目的木蠹蛾、透翅蛾、潜蛾、螟蛾和织蛾等。其中以天牛类、吉丁虫、木蠹蛾、小蠹虫、透翅蛾为害最为常见和严重。这类害虫为害特点是其幼虫善于钻蛀树干、枝条、茎干、果实或种子,取食为害,并完成其部分变态发育过程,啃食植株造成孔洞、蛀道或隧道,还会排泄大量粪便,诱发植物病害。

1. 美洲斑潜蝇 *Liriomyza sativae* Blanchard

属双翅目,潜蝇科。是一种危险性高的检疫害虫,适应性强,繁殖快,寄主广泛。除为害蔬菜外,还对菊科、唇形科、蓼科和十字花科等花卉有害,尤其是对菊科花卉。

[为害症状识别]

成虫刺吸为害叶片,卵产于叶肉中;初孵幼虫潜食叶肉,主要取食栅栏组织,并形成隧道,隧道端部略膨大;老龄幼虫咬破隧道的上表皮,爬出隧道外化蛹。

[形态特征]

参见第二章实验一。

[生物学特性]

成虫具有趋光、趋绿和趋化性,对黄色趋性很强。有一定飞翔能力。主要随寄主植物的叶片、茎蔓,以及鲜切花的调运而传播。

2. 大丽花螟蛾 *Ostrinia nubilalis* Hübner

属鳞翅目,螟蛾科。又名玉米螟。分布于东北、华北、西北、华东等地,北方地区受害严重。主要为害大丽花、菊花、青杨、美人蕉、唐菖蒲、棕榈等植物。

[为害症状识别]

幼虫蛀茎为害后,孔外粘有黑色虫粪,污染茎叶;蛀食严重时,大丽花茎部被蛀空,易折,不能开花,茎秆上部枯黄死亡,严重影响花卉观赏价值。

[形态特征]

成虫:体长约13 mm,翅展24 mm左右,前翅浅黄色或深黄色,上有两条褐色波浪状横纹,头胸黄色。

卵:短椭圆形或卵形,稍扁,长约1 mm,黄色或黑褐色。

幼虫:老熟幼虫体长约19 mm,宽1.8 mm左右,背中央有一条明显的褐色细线,头红褐色。

蛹:体长约14 mm,纺锤形,黄褐色或红褐色。

[生物学特性]

华北地区每年发生2代,幼虫在茎秆内等处越冬。翌年5月中旬幼虫在茎秆内化蛹,5月下旬成虫羽化。成虫有趋光性,白天静伏叶背等阴处;夜间产卵在叶背面,呈块状、鱼鳞形排列;喜在花芽或叶柄基部产卵。幼虫有转移为害的习性。幼虫为害期分别在6月至7月中旬、8月中旬至10月,尤以8、9月为害最严重,此时正好是大丽花的花期。10月下旬,幼虫在茎秆内越冬。

3. 石斛篓象 *Nassophasis* sp.

属鞘翅目,象甲科。成虫取食为害兰科植物的花、嫩梢和嫩叶,幼虫蛀茎为害,取食、筑巢,化蛹后从枯茎上破口而出。

"为害症状识别""形态特征""生物学特性"参见第五章实验三"石斛篓象"相关描述。

4. 刺胸毡天牛 *Thylactus simulans* Gahan

属鞘翅目,天牛科。国内分布地:贵州贵阳、六盘水、安顺,云南西双版纳。主要为害泡桐、楸树、野木瓜等植物。

[为害症状识别]

以成虫啃食嫩枝皮,幼虫蛀干为害。

[形态特征]

成虫:体长21～32 mm,宽6.8～10.0 mm。体表覆厚密倒伏绒毛,体背浅灰黄至黑褐色,腹面浅灰黄色杂生点状褐色毛斑。头部褐色,额、头顶具中央纵沟;复眼黑色;触角不及体长,被褐色短绒毛。前胸宽胜于长,背板褐色,侧板黑褐色。小盾片舌形,被浅灰黄色至黑褐色绒毛。两鞘翅基部至翅长的1/3处,由黑褐色绒毛组成一个大的倒三角形斑;鞘翅外侧绒毛浅灰黄色,具棕色绒毛、细纵条纹。各足股节、胫节中部及胫节端部均具有1深褐色斑。(见插页图6-1-4)

卵:长椭圆形,黄白色,长3.2～3.8 mm,宽1.4～1.6 mm。

幼虫:初孵化时虫体浅黄色,成熟幼虫黄白色。头部栗色,前胸背板前半部栗色,中沟浅黄色,后半部白色、横椭圆形,具密集细纵脊纹。气门椭圆形。

蛹:黄白色,体长23～35 mm,宽约7 mm。头部向下后方伸出,唇基隆起。前胸背板中沟深。小盾片具两对前小后大、呈八字形排列的长卵形瘤突。

[生物学特性]

2年发生1代。第1年以中龄幼虫形态在蛀道内越冬,翌年3月出蛰取食,11月底以老熟幼虫形态在蛹室内越冬,幼虫期约658 d,次年5月上旬开始化蛹,蛹期18～31 d。成虫期15～33 d,可多次交配,卵单产。卵期9～14 d,卵孵化盛期为7月上中旬。

(四)地下害虫

地下害虫泛指在土壤中为害植物根部或近土表主茎的害虫种类。常见的有蛴螬、蝼蛄、地老虎、金针虫、大蟋蟀、地蛆等。这类害虫多潜伏在土中栖息并完成主要生命活动,不易被发现,为害盛期多集中在春、秋两季。

1. 蛴螬类

蛴螬是鞘翅目金龟子类幼虫的统称,如:粗狭肋齿爪鳃金龟甲 *Holotrichia scrobiculata*、暗黑鳃金龟 *Holotrichia parallela*、东方绢金龟 *Maladera orientalis*、琉璃弧丽金龟 *Popillia atrocoerulea*、苹毛丽金龟 *Proagopertha lucidula* 等。

"为害症状识别""形态特征""生物学特性"参见第三章实验二"暗黑鳃金龟"及插页图6-1-5。

2. 东方蝼蛄 *Gryllotalpa orientalis* Burmeister

属直翅目,蝼蛄科。又称拉拉蛄、土狗子、地狗子、非洲蝼蛄和地拉蛄等。属杂食性害虫。常见于华中地区、长江流域及其以南各省份。为害松、柏、榆、槐、桑、海棠、樱花、竹、柑橘、茶和草坪植物等。

[为害症状识别]

成虫和若虫均在土中活动,取食为害种子、幼芽、嫩根,或将幼苗咬断致死,受害根部呈乱麻状;且在土下活动开掘隧道,使苗根和土壤分离,造成幼苗缺水、干枯死亡。(见插页图6-1-6)

[形态特征]

成虫:体长30～35 mm,灰褐色,全身密布细毛。头圆锥形,触角丝状。前胸背板卵圆形,中间具一暗红色长形凹陷斑。前翅灰褐色,较短,仅达腹部中部。后翅扇形,较长,超过腹部末端。腹末具1对尾须。前足为开掘足,后足胫节背面内侧有4个距。

卵：椭圆形。初产时长约2.8 mm，宽约1.5 mm，灰白色，有光泽，后逐渐变成黄褐色，孵化之前为暗紫色或暗褐色，长约4 mm，宽约2.3 mm。

若虫：共8～9龄。初孵若虫乳白色，体长约4 mm，腹部大。2、3龄以上若虫体色接近成虫，末龄若虫体长约25 mm。

[生物学特性]

在华中地区、长江流域及其以南各省份每年发生1代，越冬成虫5月份开始产卵，盛期为6、7月，卵经15～28 d孵化，当年孵化的若虫发育至4～7龄后，在40～60 cm深的土壤中越冬，第2年春季恢复活动。昼伏夜出，晚9—11时为活动取食高峰。

3. 小地老虎 *Agrotis ipsilon* Hufnagel

属鳞翅目，夜蛾科。又名土蚕、切根虫。是一种世界性害虫，分布于亚洲、非洲、欧洲、美洲各国，在中国各地均有分布。能为害百余种植物，是为害农、林植物的重要地下害虫，轻则造成缺苗断垄，重则导致毁种重播。

[为害症状识别]

以幼虫为害为主。1～2龄幼虫可群集于幼苗顶心嫩叶处，昼夜取食，食量小，为害不显著。3龄后分散，行动敏捷，有假死习性，对光线极为敏感，受惊扰即蜷缩成团，白天潜伏于表层土干湿层之间，夜晚出土从地面将幼苗植株咬断拖入土穴，或咬食未出土的种子。幼苗主茎硬化后改食嫩叶及生长点，食物不足或寻找越冬场所时，有迁移现象。5～6龄幼虫食量大，一夜能咬断菜苗4～5株，多的达10株以上。3月底到4月中旬是第1代幼虫为害的严重时期。

[形态特征]

成虫：体长21～23 mm，翅展48～50 mm。头部与胸部褐色至黑灰色，雄蛾触角双栉形，栉齿短。足外侧黑褐色，胫节及各跗节端部有灰白斑。腹部灰褐色。前翅棕褐色，翅脉黑色；后翅半透明白色，翅脉褐色。

卵：扁圆形，直径约0.5 mm，高约0.3 mm，表面有纹脊花纹，初产时乳白色，渐变黄色，后变为灰褐色。

幼虫：圆筒形，头暗褐色，侧面有黑褐斑纹；体黑褐色稍带黄色，密布黑色小圆突；腹部末端肛上板有一对明显黑纹；气门长卵形，黑色。老熟幼虫体长37～50 mm。

蛹：体长18～24 mm，红褐色至暗褐色，尾端部黑色，有粗刺2根。

[生物学特性]

每年4~5代,在长江以南地区以蛹及幼虫形态越冬,适宜生存温度为15~25 ℃。越冬代成虫2月份出现,羽化盛期在3月下旬至4月上中旬,在生产上造成严重为害的为第一代幼虫。影响小地老虎第一代幼虫发生的主要因素是气候、耕作情况和地势。春季雨少,土壤湿度低,有利于卵的孵化和低龄幼虫成活,往往造成当年大发生。早春气温上升快,温度偏高,发生期提前。低洼、内涝地区,上一年夏秋雨水多,冬前不能耕作或耕作粗放,杂草多,发生也多。发生重的一般是历年发生重的地块。

四、实验报告

(1)根据实验观察,列表对比分析花卉及草坪植物害虫的主要种类、为害方式及特点。

表6-1-1 花卉及草坪植物害虫的主要种类、为害方式及特点

害虫名称	主要形态特征	口器类型	为害部位	为害症状

(2)观察并描述刺吸类害虫的为害特点,对比刺吸式口器和咀嚼式口器植食性昆虫的重要特征及为害症状。

(3)观察并描述1~2种蛀干害虫的成虫和幼虫的形态特征。

(4)对比观察并描述美洲斑潜蝇与番茄斑潜蝇的形态特征。

五、思考题

(1)如何依据常见花卉害虫的重要或特殊的生物学特性来制定防治方案?

(2)试分析地下害虫的主要类型及其为害特点,并分析其防治的关键措施。

(3)试结合潜叶类、蛀食类害虫的生活习性,分析其防治难点和对策。

参考文献:

[1] 虞国跃,王合. 北京林业昆虫图谱(Ⅰ)[M]. 北京:科学出版社,2018.

[2] 吕佩珂,苏慧兰,段半锁,等. 中国花卉病虫原色图鉴[M]. 北京:蓝天出版社,2001.

[3] 贝绍国,刘玉升,崔俊霞. 日本龟蜡蚧肠道细菌分离及鉴定研究[J]. 山东农业大学学报(自然科学版),2005,36(2):209-212.

下篇 园艺植物虫害实习实训

第七章

田间害虫调查、诊断与防治

实训一
田间害虫种群密度调查方法

一、目的

掌握田间害虫种群密度的调查方法。

二、逐个计数法

适用于分布范围小、个体数量较少的种群。通过逐个点数的方法,获得害虫种群数量的估计值。

三、样方计数法

在被调查种群的分布范围内,选取若干个样方,通过对每个样方内的个体数进行计数,求得各个样方的平均种群密度,以作为该种群的种群密度估计值。

1.取样方法

常用取样方法有五点取样法、单对角线取样法、双对角线取样法、棋盘式取样法、"Z"字形取样法、平行跳跃式取样法(见图7-1-1)。

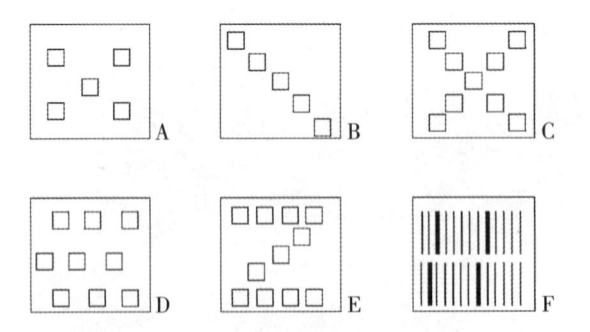

A.五点取样法;B.单对角线取样法;C.双对角线取样法;
D.棋盘式取样法;E."Z"字形取样法;F.平行跳跃式取样法。

图7-1-1 6种常用取样方法

2.取样注意事项

(1)取样保证随机。

(2)样方的大小:一般依据害虫的大小、发生情况进行确定,常见为1 m²。

(3)样方的数量:在条件允许的情况下,样方数量越多越好。

四、标记重捕法

适用于活动能力强、活动范围大、个体数量大、不易直接计数的种群。

1.操作方法

在一个害虫种群中,随机捕捉一定数量的个体,标记后释放回原种群,一定时间后,再次随机捕捉一定数量的个体,对捕捉的总个体数和带标记的个体数进行计数。

2.计算方法

公式:$N = M \times n \div m$。

其中,N表示某种群个体总数量,M表示标记个体总数量,n表示重捕个体数量,m表示重捕个体中被标记个体的数量。

3.注意事项

(1)标记物和标记方法对个体无伤害。

(2)标记不能过分醒目。

(3)标记符号能维持一定的时间。

(4)标记个体与未标记个体混合均匀,保证在重捕时两者被捕的概率相等。

(5)调查期间种群数量没有变化(一定调查范围内无出生、死亡、迁入、迁出)。

五、作业

(1)计算题:对于一个迁飞前的东亚飞蝗种群,随机捕捉100头进行标记,然后释放到种群中,再次捕捉100头后,其中带标记的数量为5头,计算该蝗虫种群数量。

(2)表7-1-1表示一水稻田于某年6月稻飞虱的发生情况。请根据你所掌握的昆虫抽样调查方法,用6种常用取样方法对水稻田稻飞虱的种群密度进行估算,并提出防治建议。

(注:每个小方格代表一丛水稻,每丛水稻4株,小方格中的数字代表该丛水稻上

稻飞虱的若虫数量。1 m² 种植水稻 25 丛。该水稻田东西宽 30 行，南北长 45 行，且行距 0.2 m，共有 1 350 丛。稻飞虱的参考防治指标为 0.15 头/株或 0.6 头/丛。）

表7-1-1　某水稻田某年6月稻飞虱的发生情况

单位：头

0	1	1	2	0	2	0	2	0	1	0	0	1	0	0	2	2	0	2	1	2	4	0	1	2	0	0	2	0	1
2	1	0	0	1	0	1	0	1	2	0	2	2	0	4	1	0	4	1	1	0	0	0	2	0	3	1	0	2	1
0	0	4	0	2	1	2	0	3	4	1	0	0	0	1	0	1	0	0	2	1	1	2	0	1	0	0	1	2	0
1	0	2	0	3	0	1	1	0	0	2	0	0	1	1	0	0	2	0	3	4	1	0	0	0	1	2	1	0	1
2	0	1	0	0	0	2	3	0	0	4	3	2	2	0	0	1	0	3	0	4	0	0	2	0	5	1	0	0	2
2	0	0	1	1	1	0	1	2	0	0	0	1	0	0	2	1	0	1	0	1	2	2	0	2	0	2	3	1	2
0	1	2	0	2	1	0	0	0	2	1	0	4	0	0	0	2	0	1	0	4	0	0	1	4	2	0	1	0	1
0	2	2	0	4	2	3	1	0	1	0	0	0	1	2	0	0	1	0	1	0	2	0	3	0	4	0	1	2	0
0	0	6	2	0	2	1	2	4	0	1	2	0	2	1	0	0	1	1	2	1	2	0	0	4	1	0	0	1	0
0	4	0	0	4	1	1	0	0	0	2	0	3	1	1	1	1	2	1	1	1	2	1	0	0	0	1	0	0	0
0	1	0	1	1	0	2	0	0	2	0	1	0	0	1	0	3	0	0	0	0	3	0	1	0	0	1	0	1	2
1	0	0	0	2	0	3	4	1	0	0	0	1	0	0	1	1	0	1	1	6	0	0	2	1	0	4	1	2	3
2	0	1	1	0	3	4	0	0	2	2	5	1	0	2	0	3	1	2	0	0	2	2	1	2	0	2	3	1	1
0	0	2	1	1	0	1	2	2	0	0	0	1	0	3	2	1	0	3	0	1	1	0	0	0	2	1	1	0	0
0	0	2	2	1	0	0	1	4	2	0	2	1	0	3	0	0	0	2	1	1	1	1	0	0					
1	2	0	0	1	0	1	0	0	0	3	0	4	2	0	3	0	0	4	0	0	0	1	3	2	0	3	1	2	1
2	0	2	0	0	0	2	0	0	2	1	0	0	2	1	0	0	1	1	0	0	0	2	0	2	0	1	2		
1	1	0	1	2	0	0	2	1	4	0	1	0	2	0	2	1	1	2	1	0	0	0	1	0	0	2	3		
0	1	2	3	0	1	0	0	3	2	0	2	0	1	0	2	0	0	0	1	0	0	2	0	1	0	2	2	0	1
0	3	1	0	1	0	2	2	0	1	2	1	0	0	3	0	1	2	0	0	2	0	0	2	3	0	1	2	0	
2	2	2	0	0	3	1	0	0	0	2	1	1	3	0	0	0	1	2	1	1	0	0	0	3	0	0	0	2	0
2	0	3	0	0	4	0	0	0	0	1	2	0	0	0	0	0	2	0	0	2	2	0	0	0	0	1	0	1	0
0	0	2	0	2	0	0	1	0	0	1	2	0	2	0	2	1	0	1	0	3	1	2	0	0	3	2	2	0	1
1	0	2	0	4	0	0	2	1	0	3	0	1	0	0	1	2	0	3	1	2	0	1	3	1	0	2	1	2	2
1	0	2	1	2	1	0	2	0	0	1	4	0	0	0	3	0	0	3	0	0	3	0	0	1	0	1	1	0	
0	1	4	2	2	0	0	1	0	3	1	0	1	2	2	0	1	2	0	0	1	0	0	0	1	2	1	2	0	0
0	0	1	4	0	1	1	5	0	0	2	1	0	3	0	3	0	4	0	0	1	0	0	0	0	0	0	2	1	2
0	0	0	3	0	2	0	0	2	2	2	0	0	2	0	2	3	1	0	2	0	1	0	1	0	1	0	0	0	
1	1	0	1	0	0	0	1	4	1	2	2	2	2	2	0	2	0	1	0	2	1	2	0	0	4	1	0	0	1
2	0	2	0	0	3	1	2	0	2	0	2	0	0	0	1	2	1	0	1	2	0	0	2	1	1	2	3	1	1
0	1	0	0	1	0	2	0	2	0	3	0	1	0	0	2	0	2	3	0	0	3	1	1	2	0	0	0	1	2
3	1	1	1	2	0	1	0	2	1	4	0	1	0	1	0	0	1	2	0	1	1	0	0	0	0	1	0	2	3
1	0	2	0	2	0	0	0	3	1	0	2	0	2	1	1	0	1	0	3	1	2	0	0	3	2	2	0	0	1
0	0	2	1	4	2	0	0	0	4	0	1	0	2	1	1	1	2	2	3	0	2	0	1	2	0	2	1	0	
0	0	2	0	2	2	0	0	0	2	1	2	0	0	1	2	0	0	2	2	0	0	3	0	1	0	2	1	0	0

续表

2	0	3	1	2	0	2	1	1	0	2	0	0	1	1	1	0	2	0	0	4	1	2	0	2	1	2	0	2	0
1	2	1	0	2	0	1	2	0	1	2	0	2	4	0	0	2	0	3	2	0	2	0	2	4	1	0	2	0	2
0	2	0	0	3	0	2	2	0	2	1	1	0	1	1	4	0	1	0	1	0	2	0	1	0	3	1	2	0	1
1	0	2	1	0	2	1	2	0	1	1	2	0	0	2	0	3	0	1	0	1	2	0	0	0	1	2	0	1	2
0	2	1	0	2	0	1	0	0	0	1	0	2	0	1	2	1	0	1	0	1	0	2	0	1	0	2	1	0	0
2	1	0	2	1	0	5	0	0	1	1	2	2	0	1	0	0	1	0	0	2	0	0	1	1	2	2	1	1	0
0	1	4	2	2	0	0	1	0	3	1	0	1	2	2	0	1	2	0	0	1	0	0	1	2	1	2	0	0	0
0	0	1	4	0	1	1	5	0	0	2	1	0	3	0	3	0	4	0	0	1	2	1	0	0	0	0	2	1	2
1	0	2	0	2	0	0	0	3	1	0	2	0	2	1	1	0	1	0	3	1	2	0	0	3	2	2	0	0	1
0	2	0	0	3	0	2	2	0	2	1	1	0	1	1	4	0	1	0	1	0	2	0	1	0	3	1	2	0	1

实训二
田间害虫诊断与防治方法

一、目的

掌握田间害虫为害症状的识别、观察和诊断方法；掌握田间害虫的常用防治技术及方法。

二、田间害虫为害症状与诊断

1. 咀嚼式口器害虫为害症状

食叶性害虫："开天窗"，造成缺刻、孔洞，或将叶肉吃去，仅留网状叶脉，或全部吃光。

卷叶性害虫：将叶片卷起，然后藏匿其中为害。

潜叶性害虫：吐丝、卷叶等，导致植株断根或断茎，枯死。

钻蛀性害虫：钻蛀根、茎、果等。

2. 刺吸式口器害虫为害症状

失绿斑点：在叶面上形成各种失绿褪色斑点，严重时黄化。

畸形：叶片卷曲、皱缩等。

虫瘿：植物组织遭受昆虫等生物取食或产卵刺激后，细胞加速分裂和异常分化而长成的畸形瘤状物或突起。

传播病毒病：如花叶病等。

3. 害虫检查与诊断

（1）检查虫粪：用肉眼观察树下和枝叶上有无虫粪。

天蛾类害虫：有几道纵沟的圆柱形虫粪，在树冠下成片分布。

天牛类害虫:粪屑和木屑为丝状。

木蛾类害虫:粪屑为粒状。

(2)检查排泄物或分泌物:根据蚜虫、蚧壳虫和木虱等昆虫具有分泌蜜露或黏液的特点,来检查它们取食为害时在寄主植物上留下的痕迹,或判断引起其他病虫害的可能性。

①树枝上有油质状污点的多为蚜虫为害;

②树枝、树下地面上有虫尿的多为蚧壳虫类、木虱类和叶蝉类害虫为害。

(3)拍枝检查:对于肉眼不易识别的植食性螨类等小型有害节肢动物,可将小树枝往白纸上拍打,检查有无昆虫或螨类掉落。

(4)检查被害状况:观察植株不同生长部位的受害症状,如:

①观察枝叶上有无被昆虫咀嚼、咬食或卷缩的树叶,有无枯尖死权;

②观察树干上有无虫卵、虫苞,以及蛀食的洞眼、坑道等。

三、田间害虫常用防治方法

(一)植物检疫

植物检疫是防止危险性病原、害虫、杂草等传播蔓延的一项行政防治措施。

1.植物检疫任务

(1)做好进出口或国内地区间调运的检疫工作。

(2)查清检疫对象的分布及为害情况,划定疫区和保护区,对疫区采取有效的封锁与消灭措施。

(3)建立无危险性病原、害虫的种子和苗木基地。

2.检疫对象

(1)主要依靠人为的力量而传播的危险性害虫。

(2)可以通过植物检疫方法加以消灭和阻止其传播蔓延的,对生产威胁大、能造成严重损失的害虫。

(3)仅在局部地区发生,分布尚不广泛的危险性害虫,或害虫分布虽广但还有未发生的地区需要加以保护。

3.检疫措施

(1)制定法律法规,如《中华人民共和国进出境动植物检疫法》《植物检疫条例》等。

(2)确定检疫对象名单,划分疫区和保护区。

(3)开展检疫检验。包括出入境口岸检验、原产地田间检验、调运检验、隔离种植检验。

4.检疫处理

(1)禁止入境、退回或销毁处理;

(2)改变用途;

(3)用化学农药或热处理的办法消毒除害;

(4)对于已入侵的危险性害虫,在其尚未蔓延传播前,严密封锁,铲除受害植物或采用其他除灭方法进行处理。

(二)农业防治

农业防治即利用农业生产中的技术环节,调节寄主植物、病虫害和环境条件之间的关系,创造有利于作物生长发育而不利于病虫害发生的条件,从而达到预防和控制害虫发生的目的。

1.主要措施

(1)选用抗病虫品种。

(2)改革种植制度:调整耕作制度和作物布局,合理间作、套作。

(3)改进栽培技术:调节播种期,躲避害虫发生时期。

(4)加强田间管理:深耕翻土,消灭地下害虫;中耕除草,清洁田园;清除残株败叶,减少虫源;适时灌溉等。

(5)合理施肥:氮、磷、钾肥比例适当。施肥过多,作物疯长,吸引害虫取食;施肥太少,作物生长不良,抗虫性下降。

2.优缺点

(1)优点:与农业生产过程紧密结合,省工、安全、经济。

(2)缺点:作用缓慢,害虫大发生时无急救作用。

(三)物理机械防治

物理机械防治即应用各种物理因子、机械作用及器具防治有害生物的方法,其主要措施有:

(1)诱杀法:灯光诱杀、食饵诱杀、潜所诱杀、作物诱集。

(2)阻隔法:套袋法、地膜覆盖。

(3)温度处理:日光曝晒、烘烤、沸水杀虫、低温灭虫。

(4)射线处理:利用电磁辐射引起雄性不育或直接杀虫。

(四)生物防治

生物防治即利用生物有机体或其代谢产物来控制害虫种群使其不能造成损失的方法。

1. 主要措施

(1)以虫治虫,常利用寄生性、捕食性天敌昆虫,如利用螟黄赤眼蜂防治水稻螟虫。

(2)以螨治虫,如利用智利小植绥螨防治红蜘蛛。

(3)以菌治虫,常用的有白僵菌、绿僵菌、苏云金杆菌等。

(4)以病毒治虫,如斜纹夜蛾核型多角体病毒。

(5)以线虫治虫,常用的有斯氏线虫等。

(6)以微孢子虫治虫,如利用蝗虫微孢子虫防治东亚飞蝗。

2. 优缺点

(1)优点:对人畜及作物安全,不会造成环境污染;作用时间持久。

(2)缺点:杀虫作用缓慢,受气候影响大,具跟随作用。

(五)化学防治

化学防治即用化学农药防治害虫及其他有害动物的方法。

1. 化学药剂作用方式

(1)胃毒作用:农药喷在植物表面,随咀嚼式昆虫取食后进入其消化系统,引起中毒死亡。

(2)触杀作用:药剂与虫体接触,经体壁渗透进入体内,适用于各种害虫。

(3)内吸作用:杀虫剂可被植物吸收并传输到体内各器官处,防治刺吸式口器、锉吸式口器害虫效果好。

(4)熏蒸作用:药剂由固体或液体化为气体,以气态分子充斥于作用空间,经害虫呼吸系统或体壁侵入并毒杀害虫。

(5)绝育剂:作用于害虫生殖系统,使雄性或雌性或雌雄两性不育,或使卵不能孵化。

(6)拒食作用或忌避作用。

(7)引诱剂。

2. 优缺点

(1)优点:可以防治大多数害虫,防治效果好,作用迅速。

(2)缺点:有"3R"[害虫再猖獗(或再生猖獗)、害虫对杀虫剂抗性不断增强、杀虫剂残留]问题。

3. 化学农药适宜用药浓度的测定

用化学药剂防治靶标害虫,一般都有推荐使用浓度可参考。实际用药浓度测定的具体方法是以推荐使用浓度为中间浓度,另外再选择2个高于推荐浓度的浓度、2个低于推荐浓度的浓度,配制好相应浓度的溶液,在室内喷洒到植物表面。靶标害虫取食一定时间后,观察记录其死亡数量、死亡时间等。建立毒力方程,计算致死中浓度(LC_{50})和致死中时(LT_{50})等,计算最佳使用浓度。

建立毒力方程:可以利用Excel或其他数据处理软件,建立浓度与死亡率的回归方程,如线性回归方程等,选择R值最接近1的方程,即为毒力方程。具体方法参考《田间试验与统计方法》等书籍。

建立回归方程后,计算致死中浓度(一定时间内,害虫死亡率达到50%的药剂浓度)和致死中时(某一药剂浓度下,害虫死亡率达到50%所需的时间)。

四、作业

(1)调查田间害虫为害后的痕迹,大致判断害虫类别。

(2)在室内做吡虫啉针对草地贪夜蛾的毒力测试,每个浓度分别测试30头,连续观察5 d,得到表7-2-1的数据。请建立毒力方程,并计算出致死中浓度(LC_{50})和致死中时(LT_{50})。

表7-2-1　不同吡虫啉浓度下草地贪夜蛾在不同时间内的死亡数量

单位:头

吡虫啉 稀释倍数	24 h	48 h	72 h	96 h	120 h
250	19	21	25	27	28
500	12	15	21	23	24
1 000	8	12	17	19	20
2 000	3	4	5	7	7
4 000	1	2	2	3	3

第八章

昆虫标本的采集、制作、整理与鉴定

实训一
昆虫标本的采集与制作

一、目的

掌握昆虫标本的采集与制作方法。

二、昆虫标本的采集方法

(一)采集常用工具

1. 捕虫网

捕虫网是采集园艺植物上昆虫等小型节肢动物最常用的工具,根据其用途,主要分为三种类型:捕网、扫网和水网。

捕网:最常用的针对昆虫的捕虫网,主要由网面和伸缩杆两部分组成,网面直径和网眼大小依采集昆虫的不同而不同。一般常用的捕网直径为30~50 cm,网眼为80目左右;捕捉小型昆虫的,网眼为100目以上,网深一般为60~120 cm不等。伸缩杆一般由3节组成,材质以铝合金为主,长度依用途而不同,一般为1~3 m不等,用于捕捉高大乔木上方昆虫的捕网,有些长度可达6~10 m不等。

扫网:其基本结构与捕网类似,区别在于网面材质,一般为细密的白布等。

水网:其基本结构与捕网类似,区别在于网面所用材质具有防水功能。

2. 吸虫管

吸虫管专门用来采集蚜虫、寄生蜂、蓟马和粉虱等身体柔软、不易拿取的微小昆虫。利用吸气形成的气流将昆虫吸入容器内。采集时,准备两根略为弯曲的玻璃管穿过吸虫管的胶盖,其中一根玻璃管的外端套上胶皮管并接上吸气球,内端捆上纱布或铜纱罩。使用时将另一根玻璃管的弯管口对准要采集的昆虫,按动吸气球,便可将要采集的昆虫吸入瓶中。之后拔掉管塞,取出采集到的昆虫。

3. 毒瓶

毒瓶专用于迅速毒杀昆虫。一般应用封盖严密的磨口广口瓶和直径较大的厚玻璃管做成,以保证毒气不易泄漏。毒杀药品常采用乙酸乙酯、酒精等试剂。毒杀药品放置的简便方法是将乙酸乙酯等试剂浸湿的脱脂棉,用纱布包好,放在瓶底,压实,上盖一层硬纸板,并事先将硬纸板打孔(打孔直径1～2 mm)。

使用时应注意:蝶、蛾类不能与其他昆虫共用一个毒瓶,以免碰坏鳞片和翅;虫体坚硬的昆虫也不宜与虫体较柔软的昆虫放在同一瓶中,避免压碎或损坏;不能用于毒杀软体的幼虫。在毒瓶中可放些细长的纸条,用来隔开虫体,以免互相冲撞受损。旧毒瓶或损坏破碎的毒瓶不能到处乱丢,一定要将其带回实验室内集中妥善处理和登记。使用过程中,药品应有专人保管,要注意安全,药品不要直接接触人体表面,使用完毕,剩余药品要专人收回,不得随意丢弃。

4. 诱虫灯

诱虫灯是利用有的昆虫具有趋光性特点而设计制作的诱捕工具,可分固定式和流动式等类型。固定式诱虫灯要选择有电源和植物种类复杂的位置安装,并要求光源射程远,诱来的昆虫能比较容易地进入灯下的容器内或毒瓶内,采集人员要定期检查、采集和统计容器内或毒瓶内的昆虫。目前国内多家诱虫灯生产企业均有相关产品,光源可用高压汞灯或黑光灯,能源可用电能或太阳能。流动式诱虫灯需要接通电源,支挂白色诱虫幕布或其他装置,将灯头挂在上方。当昆虫因趋光性停息在幕布上时,采集人可用毒瓶、指形管等容器扣捕;落在附近的,可人工捕捉或用网捕。

5. 采集箱

可分为幼虫活体采集箱和保存标本的采集箱。幼虫活体采集箱可用来携带准备采回室内进行饲养观察的活虫体,箱内空气流通,并能放入移动过程中昆虫所需的饲料,虫体不易损伤,容易成活。

6. 采集袋

采集袋用来装外出采集需要携带的采集工具,如毒瓶、指形管、镊子、剪刀、采集刀、记录本、土壤铲、采集盒等,为了使用方便,可设计成背包式的袋子,里面层次多,外面有放置毒瓶和指形管的筒袋。

7.马氏网

马氏网又被称为马来式网、马氏捕虫网、昆虫采集网等,是一种架设于野外的类似帐幕的采集装置,适宜在某地进行长期采集或监测。其底部垂直面为黑色网,上部为白色网(见插页图8-1-1)。当昆虫从地下爬出,或贴地面飞行时,会被垂直面网截住,利用昆虫有向上爬行或趋光的特性,将其收集于顶部的收集筒中(收集筒须加水或75%酒精),如此只要定时更换收集筒就可以不断收集各类昆虫了。马氏网适用于各种地形,其收集筒中装酒精或者水即可,标本采集量大,取样周期长,所需人工量少,是十分实用的生态科研监测工具。

8.多功能昆虫采集网

多功能昆虫采集网(SLAM trap,即 sea, land and air malaise trap)(见插页图8-1-2):当飞行的昆虫撞到采集网上时,有的会紧贴着网面向上飞行,最终进入顶端的收集瓶中;有的会假死,最终掉落到底部的收集瓶中。适用于在多种陆地环境的采样地进行定点采集和调查。

9.其他采集工具

地下害虫可用挖土采集工具(主要包括铁耙、铁铲、采集刀、铁筛等)采集。其他采集工具有:硫酸纸折叠成的大小不等的三角纸袋(用于存放野外采集的鳞翅目等昆虫的成虫),以及放大镜、毛笔、铅笔和胶带等。

(二)昆虫的采集方法

1.网捕法

网捕法是最常用的一种采集方法。在捕捉善于飞行的昆虫时,应动作敏捷,迎头一兜,并立即将网口转折。之后握住网底上方,打开毒瓶,将毒瓶送入网底,使采集到的昆虫进入毒瓶。如捕到的是大型昆虫,可在网外用手捏压其胸部,使其不能活动后再放入毒瓶。对于体形特大的种类,可用注射器往其腹部注射少许酒精(75%),使其迅速死亡。如捕到的是中小型昆虫,数量多,可抖动网袋,使昆虫集中到底部,送入毒瓶。采集胡蜂等有毒昆虫时,可用镊子在网外隔网夹住昆虫后,小心送入毒瓶,切勿用手直接触碰或探头到捕虫网中观望夹取。

2. 震落法

震落法主要用于采集具假死性的昆虫,即突然猛震其寄主植物,使其落入网中或白布上。一般选择早晚昆虫不太活动的时间,效果更好。可用于采集金龟子、锹甲、象甲、叶甲和蜡象等昆虫。而蚜虫、蓟马等小型昆虫,可以直接击落到网中或硬纸片上,也可用小毛笔收集到小管中。

3. 诱捕法

利用昆虫有趋光性、趋化性等特点,可以采集到许多种类的昆虫。

灯光诱捕:最为常用的诱捕法,蛾类、金龟子和蝼蛄等昆虫成虫大多具有较强的趋光性,在昆虫盛发季节,选择无风、闷热、无月光的夜晚,并在适宜的地点用黑光灯诱捕,效果最好。

食物诱捕:也是采集昆虫的好方法,可利用昆虫对某些经发酵及有酒味的物质的趋性设计诱捕,如将马粪、杂草、糖渣、酒糟在田间(苗圃)堆成小堆,可诱集到蝼蛄等多种地下害虫。另外,用红糖3份、醋4份、酒1份、水2份的配方,或用红薯、粉浆沉淀物发酵后,做成引诱剂,可引诱大量鳞翅目蛾类、双翅目和鞘翅目等昆虫。

信息素诱捕:一般是用人工合成的雌性信息素作为诱芯,置于诱捕器内(见插页图8-1-3、图8-1-4),可诱集到同种的雄性个体,此法可用于采集特定种类的昆虫(如夜蛾、蚕蛾、毒蛾、螟蛾、卷蛾等)。

4. 观察和搜索法

要采集到需要的标本,必须了解昆虫的生活习性及活动场所。有许多昆虫营隐蔽生活,在树皮下和树干内可采到天牛、吉丁虫、小蠹虫、木蠹蛾、透翅蛾、象甲和郭公虫等昆虫的幼虫;在果树或阔叶树的干部或枝条上可采到舞毒蛾、天幕毛虫的卵块或幼虫;在农田或苗圃地的土中可采到金龟子、地老虎、蝼蛄和金针虫等昆虫的幼虫或蛹;巢蛾类及天幕毛虫在树冠中作丝巢,可在相应位置采到其幼虫或蛹;卷叶象甲藏在卷叶筒中。可借助蚜虫、木虱或某些蚧壳虫的分泌物来采集前来觅食的蚂蚁、蝇类及其天敌草蛉、蝎蛉和瓢虫等。沫蝉幼虫的分泌物常在枝上呈泡沫状,其自身躲在里面。还可由植物的被害状发现昆虫:如咀嚼式口器昆虫为害后的植物叶片,常留下啃食过的痕迹或粪便;刺吸式口器昆虫常造成叶片变黄、失色或出现斑点,由此常可采集到蚜虫、叶螨和叶蝉;有些昆虫使植物的叶柄、幼茎或枝干上形成各种虫瘿;有些昆虫生活在松树梢果内，造成梢果畸形并有虫粪排出，据此被害状可找到蛀果类昆虫。

5.地下害虫采集

利用地下害虫采集工具，挖取土壤后过筛，采集土表或土壤中的昆虫。也可以在玻璃瓶内放入糖醋酒液等，置于田间或林间，下半部分埋到土里，诱捕步甲等。

(三)采集昆虫的注意事项

昆虫种类繁多，生活习性各异。一般来说，一年四季均可采集，但由于昆虫的发生期和植物生长季节大致相符，每年晚春至秋末是昆虫活动的适宜季节，也是一年中采集昆虫的最好时期。对于一年发生一代的昆虫，应在发生期采集。采集季节主要根据采集目的和需要来决定，采集时间也应根据昆虫种类而定。日出性的昆虫多自上午10时至下午3时活动最盛，夜出性昆虫在日落前后及夜间易采到。遇温暖晴朗的天气，采集收获较大；而遇阴冷有风的天气，昆虫大多蛰伏不动，不易采到。此外，采集地点要依据采集目的而定，根据不同种所处生态环境不同选择合适地点。一般来说，森林、果园、苗圃、菜园、经济作物林、灌木丛都能采到大量有价值的样本，在高山、沙漠、急流等处往往可以采到特殊种类。了解各种昆虫所处的生态环境，可以帮助我们有目的地进行采集。

1.植物上的昆虫

大多数昆虫以植物为食，植物茂盛、种类繁多的环境是采集昆虫的好地方。

2.地面和土中的昆虫

大多数昆虫可在地面和土中采获。地面环境极其广泛复杂，可采到各种昆虫，在土中可挖到多种鳞翅目昆虫的蛹，步甲、虎甲、芫菁、叩头虫、拟步甲和食虫虻等昆虫的幼虫，以及蝗虫的卵和蝼蛄各虫态。

3.水中的昆虫

静水、流水、咸水、温泉中均有昆虫生存，如鞘翅目的沼梭、龙虱、豉甲等，半翅目的划蝽、仰蝽、负蝽、黾蝽，蜻蜓目、毛翅目、广翅目、襀翅目、蜉蝣目昆虫的幼期，以及脉翅目的水蛉、长翅目的水蝎蛉幼虫均生活在水中。

4.动物体上的昆虫

在动物体上也可采集到昆虫，如吸食人和动物血液的虱、虱蝇，嚼食动物皮毛的食毛目昆虫,寄生于动物体内、皮下或黏膜组织的马胃蝇、牛皮下蝇、羊鼻蛆蝇和大头金蝇,以及幼虫寄生于蜗牛、鼠妇上的短角寄蝇,还有寄生于蝙蝠上的蛛蝇、蝠蝇和日蝇。

另外,在鸟巢中可采集到丽蝇和日蝇,在动物粪便中能采集到各种粪金龟、埋葬虫、隐翅甲和蝇类。

5. 昆虫体上的昆虫

在昆虫体内外和其周围寻找寄生性或捕食性昆虫,也是采集昆虫的好方法。在许多鳞翅目幼虫体内外可采集到各种寄生性昆虫,如姬蜂、茧蜂和寄生蝇;在蚧壳虫、蚜虫、粉虱体内可采集到各种小型寄生蜂幼虫;捻翅目昆虫可以从蜂类、蝽科、飞虱、蝉科和稻虱上采集到;寄蛾科幼虫可从蝉身上采集到;在生活有蚜虫或蚧壳虫的植物上,往往可以采集到瓢虫、草蛉、蚂蚁和食蚜蝇等捕食性昆虫。

三、昆虫标本的制作方法

(一)制作昆虫标本的常用工具

1. 昆虫针

用于固定昆虫标本的不锈钢针。按粗细长短不同可分为00号、0号、1号、2号、3号、4号和5号等规格。常用的昆虫针为0~5号针,长38~40 mm,每增加1号则依次加粗,直径为0.3~0.8 mm,顶端有膨大针帽,以便操作。00号针又称二重针,长12.8 mm,直径约0.3 mm,顶端无膨大针帽,主要用于制作微小昆虫标本。

2. 三级台

用于保证昆虫针插标本及其采集标签、鉴定标签在高度上整齐统一。三级台可用三块长短不同,但厚度相等的优质木板或有机玻璃黏合,做成阶梯形,长75 mm,宽30 mm,高24 mm,且三级共底,相邻两级高度差为8 mm。即形成第一级高8 mm(鉴定标签高度),第二级高16 mm(采集标签高度),第三级高24 mm(规定标本背面的高度)。每级中央钻有小孔,以便针插。

3. 展翅板

用于蝶、蛾、蜂、蜻蜓等昆虫展翅的工字形木板架,可选用泡沫板或较轻软的木材制成(见插页图8-1-5)。展翅板底部是一整块的木板,上面装两块可活动的木板,以便调节板间缝隙宽度,两板中间装有软木条或泡沫塑料条板。展翅板长约为350 mm,宽不等。也可用硬泡沫塑料板制成简易的展翅板:取厚约40 mm的塑料板,裁成和木制展翅板一样大小,用锋利的小刀在塑料板的中央刻一条槽沟,其宽度与虫体大小相适应。这种展翅板一般用于制作中、小型昆虫标本。

4.还软器

又称还原器,是软化已经干燥的昆虫标本的一种玻璃器皿。使用时,在容器底部铺上一层湿沙,并加几滴石炭酸防霉。在瓷隔板上面放置需要还软的标本,避免标本接触到湿沙。盖严器皿盖,借助湿气回软标本,再进行针插标本制作。

5.三角台纸及翅面压纸

用厚胶版纸剪成长12 mm、高3 mm的三角形台纸,或长12 mm、宽4 mm的长方形台纸,用来粘放小型昆虫。一般用95%酒精溶解虫胶(或称漆片)制成粘虫胶使用,或使用万能胶等其他快干胶,粘着小型昆虫标本。展翅固定时,可用玻璃纸或硫酸纸压覆在翅面上(详见展翅部分的说明),避免破坏翅面的结构和特征。

6.整姿台和标本盒

整姿台可用松软木材或硬泡沫塑料板制成,大小不定,但厚度要保证针插标本的稳固,主要用于对鞘翅目、直翅目等昆虫的针插标本进行整姿固定。待标本干燥定型后,可小心移至标本盒中存放。标本盒是用于保存针插标本的方形盒子,规格多样,常用的标本盒长27 cm,宽20 cm,高5 cm。

(二)昆虫针插标本的制作方法

1.标本插针

一般是将昆虫针插入虫体中胸背板的中央偏右位置,以保持标本稳固又不损坏标本的重要特征。根据分类研究的需要,对不同类群昆虫的针插部位有一定要求。

(1)鳞翅目、蜻蜓目昆虫,针插在中胸背板正中央,经第2对胸足的中间穿出。

(2)膜翅目、脉翅目昆虫,针插在中胸背板中央稍偏右。

(3)鞘翅目昆虫,可从右鞘翅近基部插进,使昆虫针正好穿过右侧中足和后足之间,避免损坏足的特征及其与身体之间的衔接。

(4)半翅目的蝉类昆虫,针插在中胸背面正中央的位置;半翅目异翅亚目昆虫,昆虫针可由中胸小盾片中央偏右位置插入。

(5)直翅目昆虫,针插在前胸背板中部、背中线稍右的位置,避免破坏前胸背板及腹板上的分类特征。

(6)双翅目大型种类、长翅目、毛翅目等昆虫,昆虫针从中胸背面中央偏右位置插入。(见插页图8-1-6)

此外,鞘翅目、直翅目、半翅目的昆虫针插后,一般不必展翅,但须整姿。整姿方法是将针插标本固定在整姿台上,并用镊子轻轻将昆虫标本的触角、足和腹部等部位呈自然姿势摆好,再用昆虫针或大头针交叉支起,放在干燥装置内或室内通风处干燥。此外,制作小蠹虫、跳甲等小型昆虫的标本时,可将00号针的尖端插入虫体腹面,再将针的一端用镊子刺入昆虫针上的三角台纸,或者直接在昆虫针上的三角台纸的尖端粘上透明胶,将虫体的右侧面粘在上面,三角台纸尖端应朝左方。为防止大型标本腹部腐烂,可在展翅前剖开腹部取出内脏,再塞入适量的脱脂棉即可。

2.展翅

最好是在昆虫采集处理后当天进行,此时虫体肌肉松软,不但展翅容易,且经展翅后的标本也不易走样。如虫体已干燥僵硬,须充分还软后方能展翅。用昆虫针刺穿虫体,插进展翅板的槽沟里,使腹部在两板之间,翅正好铺在两板上,然后调节活动木板,使中间空隙与虫体大小相适应,将活动木板固定。两手同时用小号昆虫针在翅的基部挑住较粗的翅脉调整翅的张开度。蝶、蛾类以将两前翅的后缘拉成直线为标准;蝇类和蜂类以两前翅的顶角与头左右成一直线为标准;而脉翅类和蜻蜓要以后翅两前缘成一直线为标准。移到标准位置,用细针固定前翅后,再固定后翅,以玻璃纸或硫酸纸条覆在翅上并用大头针固定。经干燥定型即可取下放入标本盒中存放。

3.破损成虫修补

珍贵标本破损后,要尽量设法修补。成虫标本最易损坏折断,特别是触角和足。修补时先用小镊子夹起,或用小毛笔托住折断部位,将虫胶涂在断裂的一端,按原来部位和形状对接。体躯较大的昆虫,未干燥和固定之前易垂下,可用昆虫针插上小纸片托扶在下面,虫胶或阿拉伯胶加少许白糖,可增加黏着力。

(三)昆虫浸渍标本的制作方法

一般保存完全变态昆虫的卵、幼虫、蛹,不完全变态昆虫的若虫及无翅亚纲昆虫都采用液浸法,并装入玻璃管或各种大小广口瓶中。标本采来后先用开水烫死,饱食的幼虫应饥饿 1～2 d,待消化排净粪便后再作处理。绿色昆虫不宜烫杀,易变色,待体壁伸展后浸泡。

保存液具有杀死昆虫、固定和防腐的作用,为了更好地使昆虫保持原来的形状和色泽,保存液常用几种化学药剂混合起来。混合时注意:要将使标本易收缩的药液和使标本易膨胀的药液配合,如醋酸有使组织膨胀的特性,可抵消酒精、铬酸等产生的收缩作用;要将使标本易软化的药液和使标本易硬化的药液配合,如甘油有滋润性,可抵消酒精、福尔马林的硬化特性;要将渗透快的药液和渗透慢的药液配合,如冰醋酸渗透性强,可克服铬酸渗透慢的缺点。

常用的保存液有下列几种配方。

1. 酒精保存液

酒精保存液浓度以 70%～75% 最好,为防止标本发脆变硬,可先用低浓度酒精浸泡 24 h,再移入 75% 的酒精保存液中。或也可以加入甘油(0.5%～1.0%),保持虫体柔软。

2. 福尔马林浸泡保存液

配方:福尔马林(含 40% 甲醛)一份,水 17～19 份。用该液浸泡标本,标本不易腐烂,大量保存比较经济,但缺点是气味难闻,不宜浸泡附肢长的标本,容易使附肢脱落。

3. 醋酸、福尔马林、酒精混合保存液

配方:酒精(90%)15 mL,福尔马林(含 40% 甲醛)5 mL,冰醋酸 1 mL,蒸馏水 30 mL。该液对昆虫内部组织有较好的固定作用,缺点是日久标本易变黑,并有微量沉淀。

4. 醋酸、福尔马林、白糖混合保存液

配方:冰醋酸 5 mL,福尔马林(含 40% 甲醛)5 mL,白糖 5 g,蒸馏水 100 mL。该液对于绿色、黄色、红色的昆虫标本有一定保护作用,浸泡前不必用开水烫,缺点是虫体易瘪,不易浸泡蚜虫。

5.红色幼虫保存法

先将幼虫用开水烫死后,拿出晾干,再放入固定液中约一周,最后投入保存液中保存。

固定液配方:福尔马林 200 mL,醋酸钾 10 g,硝酸钾 20 g,水 1 000 mL。

保存液配方:甘油 20 mL,醋酸钾 10 g,福尔马林 1 mL,水 100 mL。

6.绿色幼虫保存法

固定液配方:醋酸铜 10 g,硝酸钾 10 g,水 1 000 mL。

其他同"红色幼虫保存法"。

7.黄色幼虫保存法

用注射器将注射液(苦味酸饱和水溶液 75 mL,冰醋酸 5 mL,福尔马林 25 mL)注入已饥饿几天的黄色幼虫体内,约 10 h 后注射液已渗透虫体各部分,再投入保存液(冰醋酸 5 g,白糖 5 g,福尔马林 25 mL)中。

8.蚜虫保存法

保存液配方:90%~95%酒精 1 份,75%乳酸 1 份。有翅蚜标本常会漂浮起来,可先投入 90%~95%酒精中,于一周后加投等量乳酸保存起来。

(四)生活史标本的制作方法

为认识昆虫各虫态及其为害习性,可将卵、各龄幼虫、蛹、成虫和寄主被害状等生活史标本放置在标本盒中,以供教学及展览使用。

幼虫标本一般是放入指形管或小试管中,用软木塞加蜡或胶套封口,但保存液容易挥发,且拿出单独观察时因虫体不能固定,而使观察困难,为克服上述缺点,采用以下方法封管。

(1)用过期胶卷,经氢氧化钾处理,除去底片上药膜,使其透明,根据幼虫、蛹体大小剪成大小不同的胶片小块,折成"Π"形,将晾干的虫体放在胶片上,用小玻棒沾少量单丁酯三元树脂-二甲苯-环己酮(体积比 1.0∶2.5∶2.5)混合液,将虫体粘在胶片上。

(2)将粘好幼虫或蛹的胶片放进准备封管的玻璃管中,用一只外径稍稍小于装虫玻璃管内径的漏斗形小玻璃管(小玻璃漏斗),外面粘上几圈白卡片纸,塞进装虫玻璃管,压住下面的胶片。要确保小玻璃漏斗的大小刚好能够塞进装虫玻璃管,卡片纸圈上可写上虫名和虫态,小玻璃漏斗可挡住气泡。

(3)将装虫玻璃管在酒精灯上加热拉成细颈状,用注射针从漏斗形小玻璃管管口注入保存液,直到装虫玻璃管内的液面超过小玻璃漏斗的管口。这样气泡就只能在漏斗的上面,而不会移到漏斗的下面去。

(4)将玻璃管封口完成整个封管。标本盒底部铺上樟脑小块或一层杀虫剂粉,上盖一层脱脂棉,标本陈列于上。

四、作业

采集常见园艺害虫标本,每人采集成虫10种20份以上、幼虫2种5份以上,并完成标本制作。

实训二
昆虫标本的整理与鉴定

一、目的

学会昆虫标本的整理、鉴定方法。

二、昆虫标本的整理

1. 干燥

将采集到的干制标本,置于烘箱中,50 ℃下连续烘烤1周左右即可。夏天也可在室内自然晾干10 d左右。

2. 整理

将采集到的昆虫干制标本,依大类收纳入标本盒内,并逐个填写采集标签,将采集人、采集地点、采集时间等信息填好,种类处留白。在标本盒内放入干燥剂和防腐剂、驱虫剂(樟脑丸)等。

三、昆虫标本的鉴定

1. 昆虫标本鉴定的一般方法

昆虫分类鉴定是园艺植物害虫防治和天敌资源利用的重要基础。根据昆虫的变态类型,翅的有无、数量、质地和类型,口器、触角及胸足的类型,腹部运动附肢的有无及特征等,一般将昆虫纲分为2个亚纲30多个目。一般以形态学特征鉴定为主,首先依据其主要特征通过查阅昆虫分类书籍,鉴定到大类,初学者可以鉴定到目,专业人员一般可以鉴定到科。之后,对于较易鉴定的种类,依据检索表或者各类图谱,鉴定到属种。对于较难鉴定的近似种,需要解剖生殖器进行鉴定。也可以利用分子鉴定技术进行辅助鉴定,如:DNA条形码等。

2.检索表的查阅与编制

昆虫检索表是鉴定昆虫的常用工具。以等距检索表和二歧检索表最为常用。

四、作业

使用下面的"昆虫(成虫)分目检索表",学习分类工作的原理和方法,将自己采集的昆虫标本进行分类,鉴定到它们所属的目。检索表中列有1,2,3,…若干条,每条都含有一对(两项)互相对立的特征描述。鉴定标本时,仔细观察待鉴定标本的形态特征,并从检索表第1条开始逐条查对。昆虫标本特征符合两项对立描述中的哪一项,就按该项描述后面的数字(数字表示各条的编号)继续查下去,直到查出该昆虫所属的目。后续将采集到的昆虫鉴定到属种,并补全标签信息,包含拉丁学名。

昆虫(成虫)分目检索表

注:近年来的研究表明,原先置于昆虫纲无翅亚纲中的原尾目、弹尾目和双尾目很可能并不属于昆虫,但它们的分类地位尚不明确,故仍将这三个目暂放在此处的检索表中。此外,许多昆虫分类书籍已将同翅目与半翅目合并,但因同翅目昆虫是农业害虫中重要类群,为了便于区别,本检索表仍将同翅目单列。

1. 原生无翅;腹部第6节以前常有附肢 ······(2)
   有翅2对或1对或次生无翅;腹部第6节以前无附肢 ······(6)
2. 无触角;腹部12节 ······原尾目(Protura)
   有触角;腹部最多11节 ······(3)
3. 腹部至多6节,无尾须,有弹器 ······弹尾目(Collembola)
   腹部10节或11节,有尾须,无弹器 ······(4)
4. 腹部末端只有1对尾须或尾铗,无中尾丝;无复眼 ······双尾目(Diplura)
   腹部末端有1对尾须和中尾丝;有复眼 ······(5)
5. 腹部较粗,背侧隆起 ······石蛃目(Microcoryphia)
   腹部较扁,背侧不隆起 ······衣鱼目(Zygentoma)
6. 口器有成对的上颚,或口器退化 ······(7)
   口器无上颚 ······(29)
7. 有尾须,头不延伸成喙状 ······(8)

无尾须,少数有尾须则头延伸成喙状 ………………………………………………(20)
8. 触角刚毛状,翅竖在背上或平展而不能折叠 ……………………………………(9)
　　触角丝状,念珠状或剑状等,翅可以向后折叠或无翅 …………………………(10)
9. 尾须细长而多节,有的还有中尾丝;后翅小,无翅痣 ………蜉蝣目(Ephemerida)
　　尾须粗短不分节,无中尾丝;前后翅大小相似,有翅痣 ………蜻蜓目(Odonata)
10. 后足为跳跃足或前足为开掘足 …………………………………直翅目(Orthoptera)
　　后足非跳跃足,前足亦非开掘足 …………………………………………………(11)
11. 跗节4～5节 ………………………………………………………………………(12)
　　跗节最多3节 ………………………………………………………………………(17)
12. 前口式 ……………………………………………………………………………(13)
　　下口式 ……………………………………………………………………………(14)
13. 前后翅均为膜质翅或无翅;触角念珠状 ……………………………等翅目(Isoptera)
　　无翅,触角线状 ………………………………………………蛩蠊目(Grylloblattodea)
14. 前胸比中胸短小,体细长如枝或宽扁似叶 ……………………竹节虫目(Phasmida)
　　前胸比中胸长或宽大 ……………………………………………………………(15)
15. 前足为捕捉足 ………………………………………………………螳螂目(Mantodea)
　　前足、中足和后足均为步行足 ……………………………………………………(16)
16. 体外形兼似竹节虫和螳螂,全部无翅,无单眼,尾须不分节
　　　………………………………………………………………螳䗛目(Mantophasmatodea)
　　体平扁,多数具翅,有单眼,尾须分节 …………………………蜚蠊目(Blattodea)
17. 跗节2节,尾须不分节 ………………………………………………缺翅目(Zoraptera)
　　跗节3节 ……………………………………………………………………………(18)
18. 前足基跗节膨大,具丝腺,能纺丝 ……………………………纺足目(Embioptera)
　　前足基跗节正常,不具丝腺,不能纺丝 …………………………………………(19)
19. 尾须坚硬呈铗状;前翅短小,革质,后翅为膜质翅 ……革翅目(Dermaptera)
　　尾须不呈铗状;前翅狭长,前后翅均为膜质翅 ………………襀翅目(Plecoptera)
20. 跗节最多3节,有爪,翅膜质 ……………………………………………………(21)
　　跗节多4～5节,如3节以下则无爪或前翅角质 ………………………………(22)
21. 跗节2～3节,触角细长,13～15节,有翅或无翅 …………啮虫目(Corrodentia)
　　跗节1～2节,触角短小,最多5节,无翅,外寄生于鸟兽类上

...... 食毛目(Mallophaga)

22. 前翅为棒翅,后翅很大,雌虫无翅无足,内寄生于昆虫体内
...... 捻翅目(Strepsiptera)
    前翅不为棒翅 ...... (23)

23. 前翅角质,坚硬 ...... 鞘翅目(Coleoptera)
    前翅非角质或部分角质 ...... (24)

24. 腹部第1节常并入胸部,或后翅前缘有1列小钩 ...... 膜翅目(Hymenoptera)
    腹部第1节不并入胸部,后翅前缘无小钩 ...... (25)

25. 头部向下延伸成喙状,有短小的尾须 ...... 长翅目(Mecoptera)
    头部不延伸成喙状 ...... (26)

26. 前胸小,足胫节上有很大的中距和端距;翅为毛翅 ...... 毛翅目(Trichoptera)
    前胸发达,足胫节上无中距,端距很小或呈爪状;翅为膜翅 ...... (27)

27. 后翅臀区发达,可以折叠 ...... 广翅目(Megaloptera)
    后翅臀区很小,不能折叠 ...... (28)

28. 头基部不延长,前胸如延长,则前足为捕捉足,雌虫常无产卵器
    ...... 脉翅目(Neuroptera)
    头基部和前胸均向前延长,前足不特化,雌虫有针状产卵器
    ...... 蛇蛉目(Raphidiodea)

29. 口器为虹吸式,翅为鳞翅 ...... 鳞翅目(Lepidoptera)
    口器为非虹吸式,翅上无鳞片 ...... (30)

30. 跗节5节 ...... (31)
    跗节最多3节,或足退化,甚至无足 ...... (32)

31. 体不侧扁,前翅膜质,后翅棒翅,少数无翅 ...... 双翅目(Diptera)
    体侧扁,无翅 ...... 蚤目(Siphonaptera)

32. 无翅,口器位于头的前端,攀缘足,外寄生于哺乳动物上 ...... 虱目(Anoplura)
    有翅,口器位于头的下面,足不适于攀缘 ...... (33)

33. 翅为缨翅,口器常不对称,足端有泡 ...... 缨翅目(Thysanoptera)
    翅为非缨翅,口器对称,足端无泡 ...... (34)

34. 前翅为半鞘翅,喙明显出自头部 ...... 半翅目(Hemiptera)
    前翅全部为革质或膜翅,喙明显出自胸部 ...... 同翅目(Homoptera)

附录

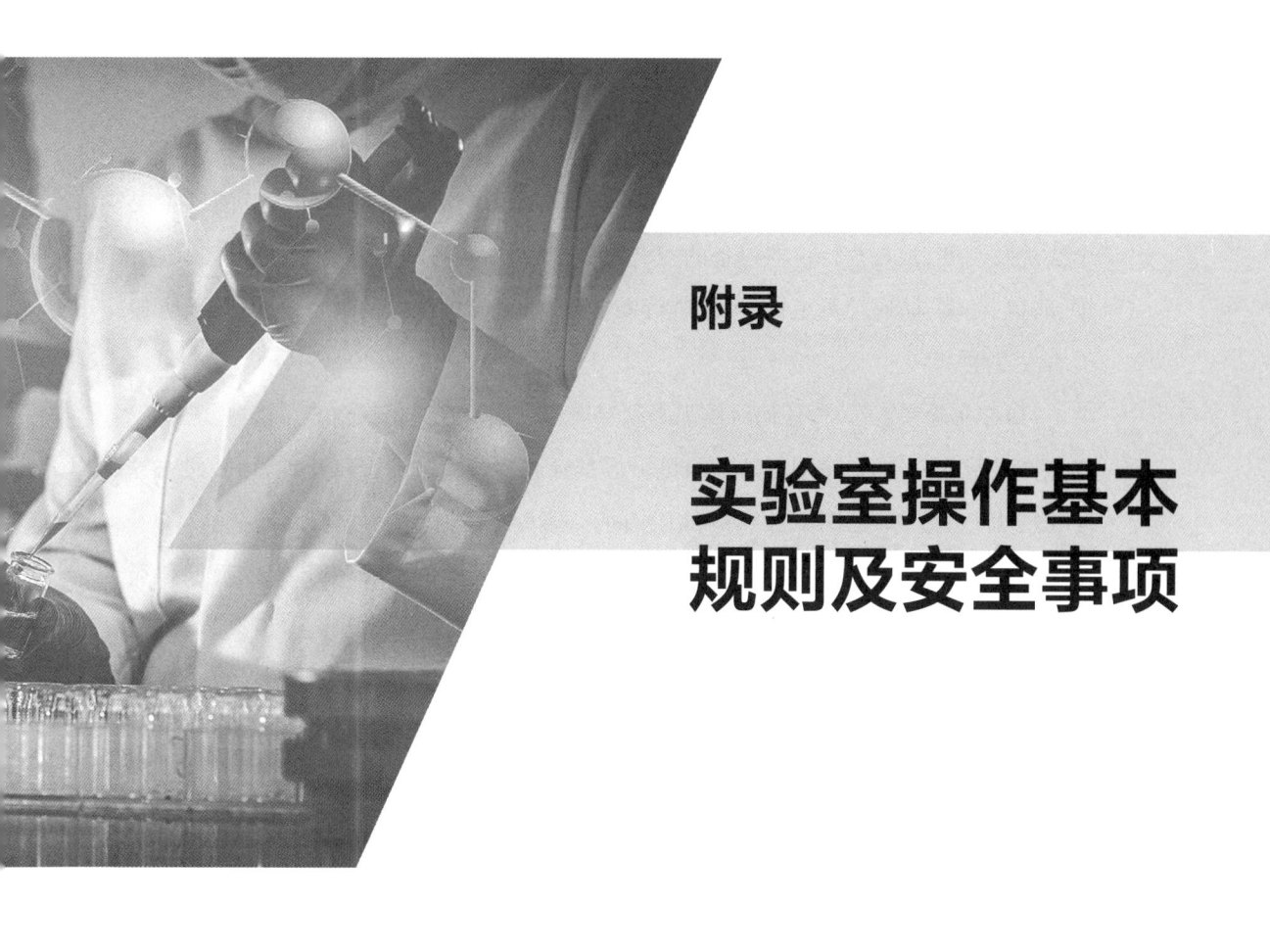

实验室操作基本规则及安全事项

一、实验室守则

进入实验室的人员应具有高度的安全责任意识,严格遵守国家和学校的有关安全法规及制度,认真执行仪器设备的安全操作规程,落实各项安全措施,做好防火、防爆、防盗、防潮、防腐蚀等工作,经常进行安全检查,对异常情况及时妥善处理,预防各类事故发生。

(1) 在实验室工作时,任何时候都必须穿着实验服。在进行任何有可能碰伤、刺激或烧伤眼睛的工作时,还须戴防护眼镜。严禁穿着实验室防护服离开实验室(如去餐厅、咖啡厅、办公室、图书馆、休息室和卫生间)。避免在实验室内穿露脚趾的鞋子。

(2) 请注意实验室公共卫生,按时清扫,保持整齐清洁的实验环境,严禁吸烟和乱扔杂物。不得将与实验无关的物品带入实验室,不得将实验室物品带出实验室。

(3) 实验期间不得大声喧哗,不得在实验区域接听或拨打电话。严禁在实验室内吃东西,放置食物(实验材料除外)。如有养殖实验动物所需的饲料等材料,请封闭包装,妥善放置。

(4) 在使用实验室仪器设备、试剂和药品等之前,实验者应当提前掌握设备安全操作规程,懂得实验原理,清楚试剂或药品配制方法及注意事项,熟悉整个实验方案或步骤。否则,不得随意开启实验。

(5) 在进行可能具有潜在感染性的操作时,应提前戴上合适的手套,且手套使用完毕后,应先消毒再摘除,随后必须用洗手液洗手。

(6) 实验室内的每瓶试剂必须贴有明显的与试剂相符的标签,并标明试剂名称、浓度及配制日期或标定日期。严禁私自带走任何实验试剂、药品、工具或生物标本等物品;严禁实验操作期间将实验材料及工具用于恶作剧。

(7) 开启易挥发药品(如乙醚、丙酮、浓硝酸、浓盐酸、浓氨水等)的容器时,尤其是在夏季或室温较高时,应先用流水冷却后盖上湿布再打开,切不可将瓶口对着自己或他人,以防气液冲出发生事故。

(8) 对于可嗅闻判别的实验气体或药品,应采用招气入鼻的方式,即用手轻拂气体,扇向实验者正面(少量),不可把鼻子凑到容器上,也不能以嘴尝味道的方法来鉴别未知物。

(9)实验操作时如会产生有害气体、烟雾或粉尘,必须在通风良好的通风柜内进行。有毒气泄漏时应及时停止实验。

(10)严禁乱接、乱拉电线,保证用电安全;使用电气设备时要谨防触电,不要用湿手接触电器,实验结束后应切断电源。

(11)在使用仪器前后,需要完成使用登记记录;使用后,有责任保持仪器清洁、无污染。当发生突发故障时,应立即关闭仪器,告知管理人员,不得擅自拆修。离开实验室时应检查门、窗、水、电、气是否安全及关闭。

(12)凡违反安全规定造成事故的,要追究肇事者和相关人员的个人责任,并予以严肃处理。

二、实验室常用技术与安全操作

(一)生物显微镜的基本构造及使用方法

在学习植物虫害的相关知识时,常常借助生物显微镜来观察昆虫、螨类和线虫等微小个体或局部组织结构等的临时玻片、固定玻片、生物切片等。生物显微镜的光学技术参数包括:数值孔径、分辨率、放大倍数、焦深、视场宽度、覆盖差、工作距离等。在使用前,须先熟悉其构造(见附图1),并掌握正确的使用方法。

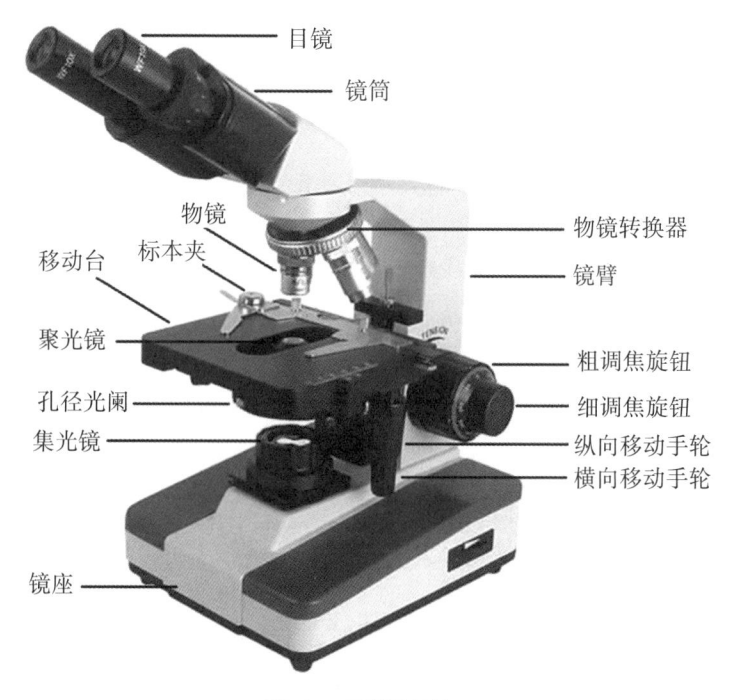

附图1 显微镜结构

1. 生物显微镜基本构造

(1)镜座:位于显微镜底部,用于支持全镜。

(2)镜臂:位于镜筒后面,通常为弓形,用于支持镜筒和供搬移显微镜时握持。

(3)镜筒:位于显微镜上方,上接目镜,下接物镜转换器。

(4)物镜转换器:位于镜筒下方的转盘,通常有3~4个圆孔,可装配不同放大倍数的物镜,可使每个物镜通过镜筒与目镜构成一个放大系统。

(5)移动台:又名载物台、工作台或镜台,用于放置标本。移动台上有两个金属压片夹叫标本夹,用于固定玻片标本。有的移动台上装有玻片移动器,用来移动标本,有的移动台本身可以移动。

(6)调焦装置:为了观察到清晰图像,须调节物镜与标本之间的距离,使物镜焦点对准标本,即调焦,可以通过旋转粗调焦旋钮和细调焦旋钮来实现。

(7)物镜:安装在镜筒下端的物镜转换器下方,因其靠近被视物体,故又称接物镜。物镜是决定显微镜性能最重要的构件。物镜的作用是将标本第一次放大,使其成倒立实像。一台显微镜备有多个物镜,物镜下端的透镜口径越小,镜筒越长,其放大倍数越高。物镜有低倍物镜和高倍物镜之分,其放大倍数一般刻在物镜的镜筒上,如4×、8×、10×、100×,分别表示4倍、8倍、10倍、100倍。其中40~65倍的叫高倍物镜,90倍或100倍的称为油浸物镜。

(8)目镜:安装在镜筒上端,因其靠近观察者的眼睛,又称接目镜。目镜的作用是将由物镜放大的实像进一步放大,但并不提高显微镜的分辨率。根据需要,目镜内可安装测微尺,用以测量所观察物体的大小。一般显微镜备有几个放大倍数不同的目镜,其放大倍数刻在目镜边框上,如5×、10×、15×等。显微镜的总放大倍数=物镜放大倍数×目镜放大倍数。

(9)聚光镜和孔径光阑:安装在移动台下方的支架上。聚光镜作用是会聚通过集光镜的光线,增强标本的照明。孔径光阑又称光圈,用来调节光线的强弱。在孔径光阑下面,通常还有一个圆形的滤光片架,可根据镜检需要放置滤光片。

(10)光源:通常安装在显微镜的镜座内。

2. 生物显微镜的使用方法

(1)取用和放置:从镜箱中取出显微镜时,须一手握持镜臂,一手托住镜座,保持镜身直立,切不可用一只手倾斜提携,防止摔落目镜。轻取轻放,放时使镜臂朝向自己,置于距桌子边沿5~10 cm处。要求桌子平衡,桌面清洁,避免阳光直射。

(2)开启光源:打开电源开关。

(3)放置玻片标本:将待镜检的玻片标本放置在移动台上,然后将标本夹夹在玻片两端,防止玻片标本移动。再通过调节玻片移动器或调节移动台,将材料移至正对聚光镜中央的位置。

(4)低倍物镜观察:用显微镜观察标本时,应先用低倍物镜找到物像。因为低倍物镜观察范围大,容易找到物像并定位到需要做精细观察的部位。

方法为:

- 转动粗调焦旋钮,用眼从侧面观察,使镜筒下降(或移动台上升),直到低倍物镜距标本0.5 cm左右。
- 从目镜中观察,用手慢慢转动粗调焦旋钮,使镜筒渐渐上升(或移动台渐渐下降),直到视野内物像清晰为止。随后改用细调焦旋钮稍调节,使物像最清晰。
- 微调移动台或玻片移动器,找到欲观察的部分。要注意通常显微镜视野中的物像为倒像,移动玻片时应向相反方向移动。

(5)高倍物镜观察:在低倍物镜观察基础上,若想增加放大倍数,可进行高倍物镜观察。

方法为:

- 将欲观察的部分移至低倍物镜视野正中央,物像要清晰。
- 旋转物镜转换器,使高倍物镜移到正确的位置上,随后稍微调节细调焦旋钮,即可使物像清晰。
- 微调移动台或玻片移动器,定位欲仔细观察的部位。
- 注意事项:使用高倍物镜时,由于物镜与标本之间距离很近,因此不能动粗调焦旋钮,只能用细调焦旋钮。

(6)换片:观察完毕,如需要换用另一玻片标本,须先将物镜转回低倍,取出玻片,再换新片,稍加调焦,即可观察。切勿在高倍物镜下换片,以防损坏镜头。

(二)双目立体解剖镜的构造和使用

双目立体解剖镜又称双目实体显微镜或双目解剖镜,它是研究昆虫等微小生物形态构造的一种重要的光学仪器。因此,必须熟悉其构造,并达到掌握使用方法的目的。

双目立体解剖镜的主要特点是：视野里面的物体可以放大为正像，而且有明显的立体感觉，其用途很广，不仅是生物观察、解剖常备的重要仪器，还可用于机件（例如仪表的细小精密部件）的装配修理。

1. 双目立体解剖镜的基本构造

双目立体解剖镜的类型、样式很多，但其结构和使用方法基本相似，以"MSI"型双目立体解剖镜为例介绍其基本结构（见附图2）。

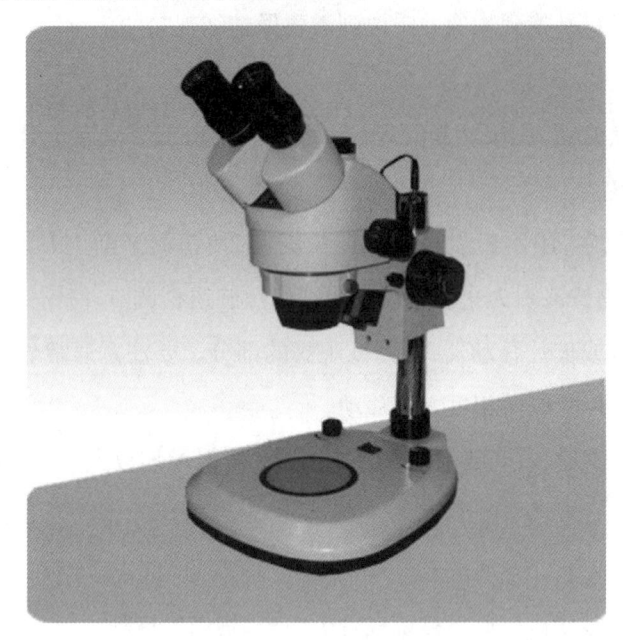

附图2 双目立体解剖镜

"MSI"型双目立体解剖镜由24个部件组成，其主要构件介绍如下：

（1）底座：底座是全镜的基本部分，其上装有支柱，支柱上段为导杆。底座上装有2个压片和1个载物圆片。

（2）调焦装置：可以沿导杆升降和绕导杆转动，是借镜体制紧螺丝固定位置的，调焦装置的滑动是由调焦手轮来操作的。

（3）镜管：镜管是斜筒式，上面装有目镜和眼罩，可以向里、向外移动，眼罩一般要套在目镜上使用，便于固定眼的位置和遮去外来的眩光，戴眼镜使用时可以将眼罩拿掉。

（4）物镜度盘手轮：可调节放大倍数，物镜度盘上的数字代表物镜的放大倍数，被观察物的放大倍数=目镜放大倍数×物镜放大倍数，可根据需要选换目镜（一般备有高倍、低倍两种）或调节物镜倍数，调节物镜倍数时刻数要正对指标点。

(5)照明:观察标本时借用自然光或照明灯照明。双目镜配有6 V、15 W的照明灯,通过专用变压器供电。照明灯安装在导弧上,导弧装在大物镜与主体之间。实验时,我们可用台灯代替专用照明灯。

2.使用方法与步骤

使用前,须把镜体制紧螺丝向逆时针方向拧松,将调焦装置连同整个镜体沿导杆向上方提起至适当高度(依据观察物厚度和放大倍数灵活掌握),再把螺丝向顺时针方向拧紧。

使用时,首先调整双目斜镜管的距离,使其适于自己眼距,一手转动调焦手轮,另一手移动观察,以左眼为准,找到和看清楚视野内的物像后,再移动右镜筒上的视变圈,使右眼也看清楚物像。使用中可根据需要转动物镜度盘手轮,调整放大倍数,并随时上下转动调焦手轮调节清晰度。此时切忌用力过猛,当上下转动调焦手轮达到一定的限度时,调焦手轮轴内的齿轮就与调焦装置内推进齿上下方的固定螺丝相碰。若再继续转动,螺丝就要断损,故使用时不要转得过高或过低。

3.使用中注意事项

(1)取镜时,必须一手握紧支柱,一手托住底座,保持镜身垂直,使用前要掌握其性能,使用中按规程操作。

(2)镜头及其各种零件不得拆卸,忌随意擦镜头。如果镜头确实模糊不清,一定要用擦镜纸轻轻擦拭。

(3)调焦手轮不灵活时,要立即停止使用,并报告指导教师,检查故障原因并及时排除故障。

(4)观察裸露标本,特别是浸渍标本时,必须用载玻片,严禁将标本直接放在载物台上,以免污染白色一面,影响反光。

(5)使用完毕,应撤除观察物,并将各部件恢复原位,即把调焦制紧螺丝松开,将镜身轻轻降到导杆上最低位置,并对正底座前方的半圆缺口,再拧紧螺丝,同时调节主体上部位置,压片压在载物圆片上。最后手执立柱,托住底座,送入镜箱内保存。

(三)测微尺和游标卡尺的使用方法

1.测微尺

基本构造:测微尺又叫显微测微尺,可装在接目镜内,用来直接测量物体的大小,这种测微尺叫作接目测微尺(见附图3),它是一块圆形的玻璃片,玻璃片的中央刻有10 mm长的等分线,共分100格(也有具5 mm长等分线的,共分50格)。

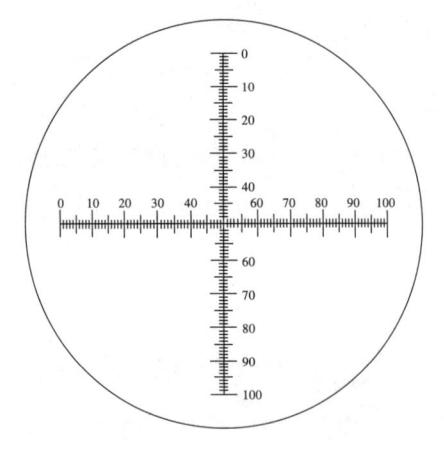

附图3 接目测微尺

在使用时,每格的长度随不同的倍数而改变,在一定倍数下每格的长度应用另一种测微尺来确定,这种测微尺叫作接物测微尺或载片测微尺。它是在一个载玻片上放有一块圆形的玻片,其中有长1 mm并等分100格的尺子,故每格的长度为1/100 mm或10 μm,此长度在任何倍数下不变。

使用方法:首先确定在某种倍数下接目测微尺的每格长度,将接目测微尺装入接目镜内,接物测微尺放在载物台上夹好,调焦使接物测微尺上刻度成像清晰。同时使两种测微尺的刻度互相平行,并使两者在视野边缘处有一刻度相重合,然后再找第二条相重合(或最接近)的刻度,进行计算。

计算方法:假设接目测微尺的10格长度等于接物测微尺的3格长度,则此10格=3×10 μm=30 μm,故每格为3 μm。然后再用此已知每格长度的接目测微尺来测定物体的大小,即以接目测微尺测定物体有多少格,再乘以每格的长度。

注意事项:

(1)利用接物测微尺来确定接目测微尺每格的长度,应该仔细操作3次,每次结果不能相差太大,最后以3次的平均结果来计算;

(2)在调焦时勿使用接物测微尺,否则容易损坏镜头或压坏测微尺。

2.游标卡尺

基本构造:由刻着以毫米为单位的刻度的主尺与其上附着的可以滑动的副尺(游标)所构成。副尺上刻有10个相等的格,其总长等于主尺上9个格的长度(9 mm)。因此,副尺上每格长度比主尺上每格长度小0.1 mm。此外还有推动副尺滑动的滑动齿轮和固定副尺的制紧阀以及放置测量物体的卡口。

使用方法:测量物体长度时,使物体与卡尺刚好吻合,这时物体长度的整数部分读主尺上的格数,即等于主尺零点至副尺零点之间的格数(毫米数)。具体读数方法如下。

设A为测量的物体,其长度的整数部分等于主尺上的K个格数。由于副尺上每格比主尺上的每格短,故必然可以在副尺上找到一刻度与主尺上某一刻度相重合或最接近,这时副尺上零点至此刻度为N个格,而主尺上零点至此刻度为$(K+N)$个格。这样小数部分(ΔL)应为N个主尺格数和N个副尺格数长度之差,即$\Delta L=N\times 0.1(\text{mm})$,故A的长度$L_A=K+N\times 0.1(\text{mm})$。

注意事项:

(1)测量前应使主、副尺上两零点相重合,如不重合则将差距记下,在测量后进行修正,才能得到真正的长度。

(2)物体放于卡口时,推动副尺使其刚好卡住,勿使物体变形,否则测量结果不准确。

(四)冰箱与冰柜的维护和使用

(1)冰箱和冰柜应当定期除霜和清洁,应清理出所有在储存过程中破碎的安瓿和试管等物品。清理时应戴厚橡胶手套并进行面部防护,清理后要对内表面进行消毒。

(2)储存在冰箱内的所有容器应当清楚地标明内装物品的科学名称、储存日期和储存者的姓名。未标明的或废旧物品应当高压蒸汽灭菌并丢弃。

(3)应当保存一份冻存物品的清单。

(4)除非有防爆措施,否则冰箱内不能放置易燃溶液。冰箱门上应标明这一点。

三、意外事故急救措施

一旦发生险情,任何人都有责任帮助当事人控制险情,采取急救措施。

1.烧伤和烫伤

将烧伤或烫伤的部位放在凉水中浸泡10 min,直到疼痛减轻。在发肿前去掉戒指等东西,盖上消毒巾。不能将带黏胶的物品贴在烧伤部位。

2. 浓酸和浓碱

浓酸或浓碱若不慎溅在身体上,用水彻底冲洗表面直到皮肤上无残留的酸或碱为止。若不慎少量溅在实验台或地面,必须及时用湿抹布擦洗干净。换掉被污染的衣服,在更换过程中小心再次被污染。

3. 切伤和刮伤

所有伤口无论大小都须及时处理。清洁伤口附近的皮肤,然后用消毒巾包扎。发生玻璃扎伤后,在包扎前须小心清理玻璃,去掉扎入的玻璃碎屑。如果大的玻璃扎入,不要擅自取出以免严重出血,应尽快就医。

4. 电击

关闭电源。如不能关闭,用干木棍使导线与被害者分开,不能直接用皮肤接触触电的人。遭电击者若已经停止呼吸,要立即进行人工呼吸,直到救护车及医务人员到来。

5. 化学物质进入眼睛

做任何工作都应特别重视对眼睛的保护。一旦事故发生,应该:

(1)轻轻地用自来水彻底冲洗。

(2)尽快到医务室或医院就医。

(3)在把受伤者送往医院时,还要提供化学物质性质和救护处理过程等信息。

6. 误食化学药品

一旦发生,应该:

(1)如未吞下,吐出后用自来水或适温饮用水漱口。

(2)如已误吞,大量地喝水或喝奶稀释胃中化合物,尽快就医。

(3)去医院时,自身或随行人员须提供化学物质性质和救护处理过程等信息。

7. 火灾

实验室失火后,一定要沉着,不要惊慌,根据起火原因与火势大小,及时采取以下措施:

(1)立即关掉电源、气源及通风机。

(2)将室内易燃、易爆物(如压缩气瓶)小心搬离火源,注意搬动时切不可碰撞,以免引起更大火灾。

(3)迅速选用适当的灭火器,将刚起的火扑灭。注意不要用水来扑灭不溶于水的油类以及其他有机溶剂等可燃物上的火。

(4)及时报警:火警电话119。

(5)身上衣服着火时,切不可任意跑动。应用石棉毯裹在身,以隔绝空气而灭火。如无石棉毯时,可就地躺下打滚以灭火。

(6)实验室应配备必要的灭火设备。发现小的火情,用正确方法灭火。灭火时一定要保持人在火源和门之间。

8. 电器事故

(1)所有用电仪器均须定期检查其绝缘情况和接地情况。

(2)发现用电仪器有任何不正常,应立即汇报。

(3)恒温加热仪器最易发生火灾。在使用时,应经常观察温度变化;离开加热仪器,不管时间长短,都要检查温度是否恒定,避免持续过夜运作。

(4)仪器或电路安装保险丝要正确,更换时保险丝一定要与电路匹配。

(5)人员触电后,应立即切断电源,或用非导电体将电线从触电者身上移开。如果触电者已经休克,应迅速将其移至充满新鲜空气处,立即进行人工呼吸,并请医务人员尽快到现场抢救。

图 2-1-1　黄曲条跳甲成虫及其为害症状（岳文波 摄）

图 2-2-1　豆蚜在大豆植株上的为害症状（吴琼 摄）

图 3-1-1　梨小食心虫幼虫在野木瓜上的钻蛀为害症状（李莉 摄）

图3-1-2　梨小食心虫在梨上的为害症状（郑伟 摄）

图3-1-3　橘小实蝇幼虫对苹果果实的为害症状（郑伟 摄）

图3-1-4　桃蚜为害症状（郑伟 摄）

图3-1-5 樱桃瘿瘤头蚜及其为害症状(郑伟 摄)

图3-1-6 桃红颈天牛(陈千权 供)

图3-2-1 吹绵蚧雌成虫(田枫 摄)

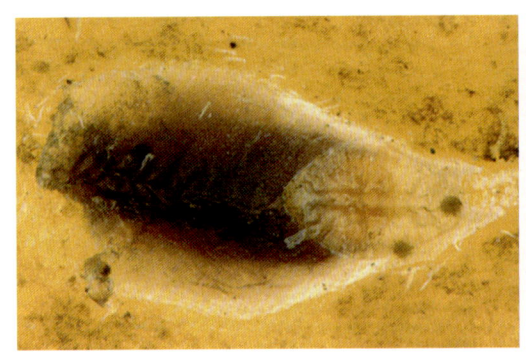

图3-2-2 矢尖蚧雌成虫（田枫 摄）

图3-2-3 柑橘凤蝶成虫（唐艳龙 摄）

图3-2-4 黑腹果蝇为害蓝莓（黄振兴 摄） 　　图3-2-5 铃木氏果蝇为害蓝莓（黄振兴 摄）

图3-2-6 暗黑鳃金龟为害蓝莓(黄振兴 摄)

图3-2-7 粗狭肋齿爪鳃金龟成虫及幼虫(黄振兴 摄)

成虫　　　　　　　　　　　卵

幼虫　　　　　　　　　　　蛹

在成熟果实上的为害症状

图3-2-8　桃蛀螟形态特征及其为害症状（郑伟 摄）

为害嫩梢

为害果实

图3-2-9 白星花金龟为害症状（郑伟 摄）

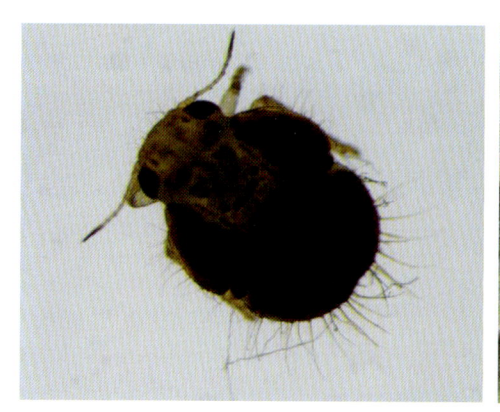

成虫　　　　　　　　　　　若虫

图3-2-10 枇杷木虱成虫和若虫形态特征（郑伟 摄）

图3-2-11 枇杷瘤蛾幼虫为害症状（郑伟 摄）

图3-3-1 核桃长足象的为害症状（杨再华 摄）

| 卵 | 幼虫 | 蛹 | 成虫 |

图3-3-2　核桃长足象的生活史（唐艳龙 摄）

图3-3-3　云斑天牛的成虫（唐艳龙 摄）

图3-3-4　核桃扁叶甲对枫杨的取食为害（韦云 摄）

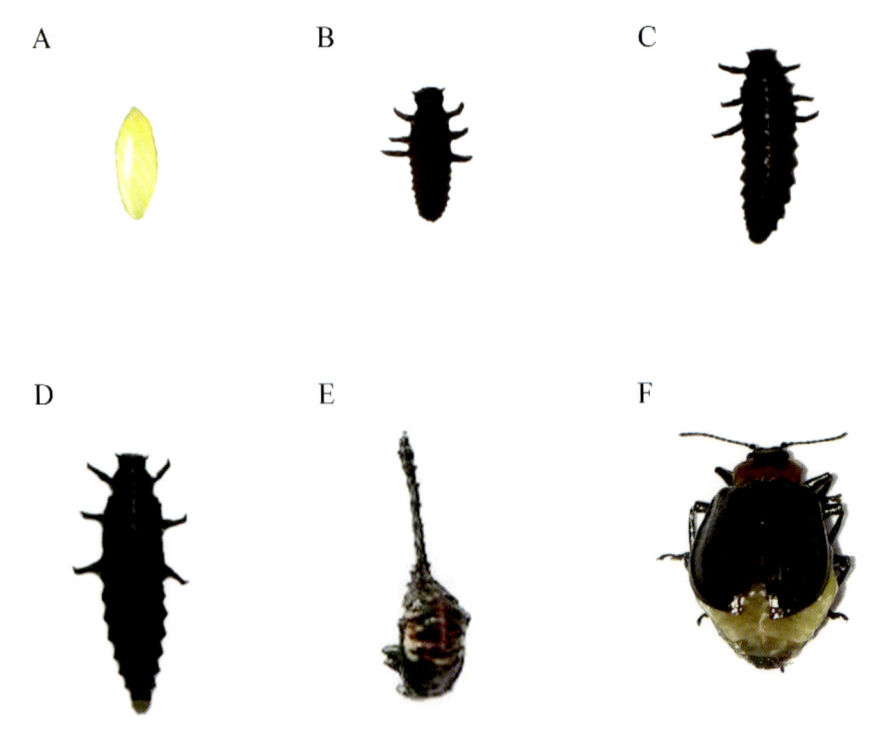

A.卵；B.1龄幼虫；C.2龄幼虫；D.3龄幼虫；E.蛹；F.成虫。

图3-3-5　核桃扁叶甲的生活史（韦云 摄）

图4-1-1　褐飞虱聚集在水稻分蘖基部取食(唐明 摄)

图4-1-2　褐飞虱取食水稻造成"飞虱火烧"现象(唐明 摄)

图 4-1-3　褐飞虱雌性成虫的口针（唐明 摄）

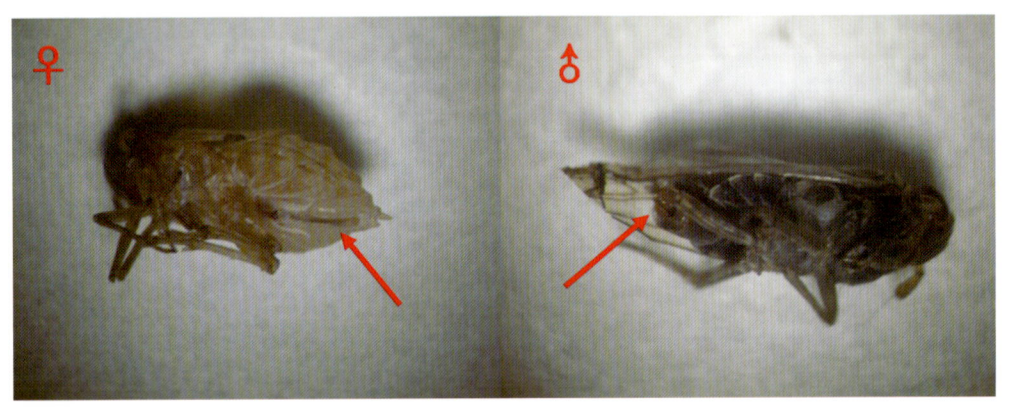

图 4-1-4　褐飞虱雌、雄成虫的区别（唐明 摄）

图 4-1-5　稻纵卷叶螟幼虫及田间为害症状（郝令 供）

图4-1-6　稻苞虫成虫(左)及幼虫(右)形态特征(李莉,江学海 摄)

图4-1-7　稻水象甲成虫及其为害症状(江学海 供)

图4-2-1　黏虫幼虫及其为害症状（牛洪涛 摄）

图4-2-2　劳氏黏虫幼虫为害症状（吴琼 供）

成虫

卵

幼虫及其为害症状

蛹

图4-2-3　草地贪夜蛾的生活史及其幼虫为害症状（牛洪涛 供）

图5-1-1　茶小绿叶蝉在茶树上的为害症状（姚雍静 摄）

图5-1-2　茶小绿叶蝉成虫及若虫（姚雍静 摄）

图5-1-3　茶棍蓟马成虫、若虫(左)及其为害症状(右)(李帅 摄)

成虫　　　　　　　　　　　　　　卵

幼虫　　　　　　　　　　　　　为害症状

图5-1-4　茶毛虫形态特征及其为害症状(姚雍静 摄)

图5-1-5　茶黑毒蛾为害症状（姚雍静 摄）

图5-1-6　茶黑毒蛾成虫（左）及幼虫（右）形态（姚雍静 摄）

图5-1-7　黑刺粉虱为害症状（姚雍静 摄）

图5-1-8 黑刺粉虱成虫及若虫(伪蛹)形态(姚雍静 摄)

[左图中为成虫,右图中乳黄白色的为初孵若虫,黑色的为4龄若虫(伪蛹)]

图5-1-9 绿盲蝽为害初期(左)、后期(右)症状(姚雍静 摄)

图 5-1-10 绿盲蝽成虫（姚雍静 摄） 　　图 5-1-11 茶蚜为害症状（姚雍静 摄）

图 5-1-12 茶脊冠网蝽为害症状（姚雍静 摄）

图5-1-13 毛股沟臀肖叶甲成虫及其为害症状（姚雍静 摄）

图5-1-14 茶牡蛎蚧为害症状（姚雍静 摄）
（主干上的橙红色物为茶牡蛎蚧的蚧壳及寄生性猩红菌）

图5-1-15 茶椰圆蚧为害症状（姚雍静 摄）

图5-1-16 茶尺蠖为害症状（罗宗秀 摄）

图5-1-17 灰茶尺蠖成虫(段小凤 供)

图5-3-1 石斛篓象为害症状(张萌萌 摄)

| 卵 | 幼虫 | 蛹 | 成虫 |

图5-3-2 石斛婆象各虫态的形态特征（石凯乐 摄）

图5-3-3 绿尾大蚕蛾成虫（杨书林 摄）

图5-3-4 苎麻珍蝶生活史（李莉 摄）

图6-1-1 日本龟蜡蚧蜡壳及为害症状（李莉 摄）

图6-1-2 苹小卷蛾成虫形态（左）和幼虫对肉桂叶片的为害症状（右）（李莉 摄）

图6-1-3　扁刺蛾幼虫形态（黄振兴 摄） 　　　　图6-1-4　刺胸毡天牛成虫（李莉 摄）

图6-1-5　蛴螬类幼虫形态特征及其田间为害症状（李莉，黄振兴 摄）

图6-1-6　东方蝼蛄在田间的为害症状（黄振兴 摄）

图 8-1-1　马氏网（王野颖 摄）　　　　　图 8-1-2　多功能昆虫采集网（张凯 摄）

图 8-1-3　斜纹夜蛾等夜蛾科昆虫的田间信息素诱捕装置（李莉 摄）

图8-1-4　梨小食心虫的田间诱捕装置及挂置方法（李莉 摄）

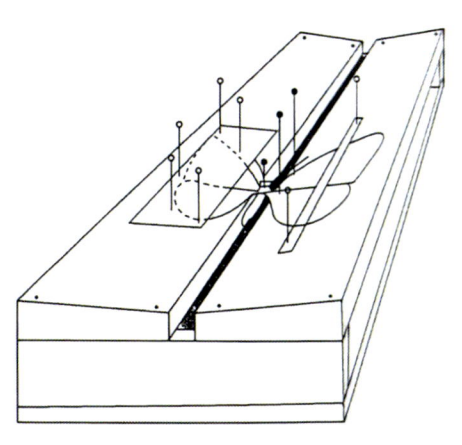

图8-1-5　展翅板

（仿Triplehorn & Johnson, 2005）

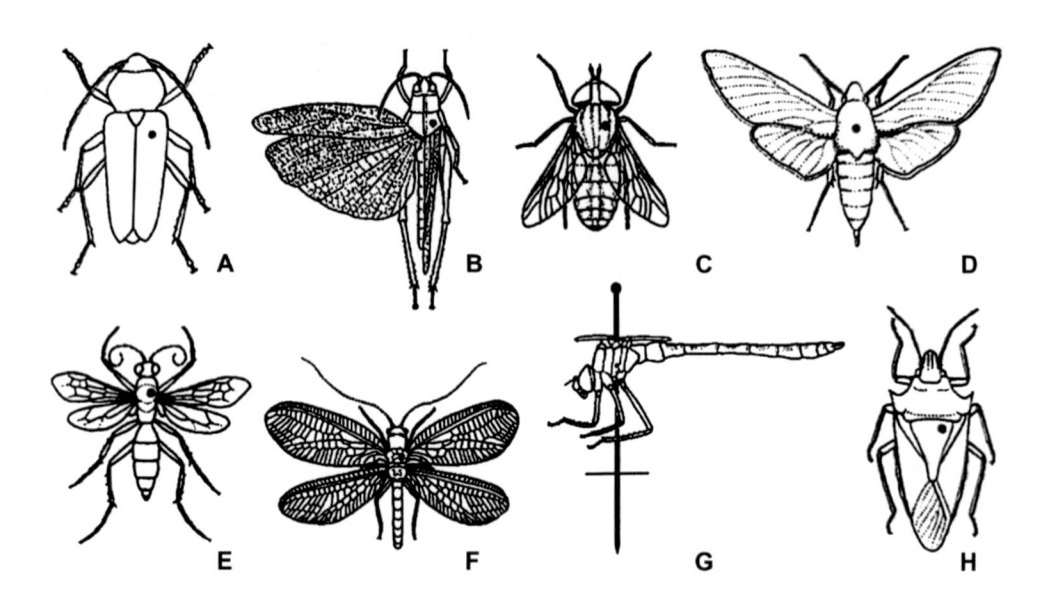

A.鞘翅目;B.直翅目;C.双翅目;D.鳞翅目;E.膜翅目;F.脉翅目;G.蜻蜓目;H.半翅目。

图8-1-6　昆虫标本的针插位置

(仿Gullan & Cranston, 2005)